微课堂
学电脑

2022

Premiere Pro
视频编辑入门与应用
（微课版）

文杰书院◎编著

U0286808

清华大学出版社
北京

内 容 简 介

Adobe Premiere Pro 2022是一款功能强大的视频编辑软件，现已广泛应用于广告制作和电视节目制作中，深受广大用户的青睐。本书以通俗易懂的语言、精挑细选的实用技巧、翔实生动的操作案例，全面介绍了Premiere Pro 2022的基础知识，主要内容包括Premiere视频编辑快速入门、管理和编辑素材、视频剪辑、使用视频过渡效果、视频字幕与图形设计、使用动画与视频效果、编辑与制作音频、调色与抠像、渲染与输出视频等方面的知识、技巧及应用案例。

本书面向学习Premiere Pro 2022的初级、中级读者，既适合无基础又想快速掌握Premiere Pro 2022的读者，也适合广大视频处理爱好者及专业视频编辑人员作为自学手册使用，同时还可以作为高等院校及社会培训班的教材和辅导用书。

图书在版编目 (CIP) 数据

Premiere Pro 2022视频编辑入门与应用：微课版 / 文杰书院编著.—北京：清华大学出版社，2022.12
(微课堂学电脑)
ISBN 978-7-302-62047-1

Ⅰ. ①P… Ⅱ. ①文… Ⅲ. ①视频编辑软件 Ⅳ. ①TN94

中国版本图书馆CIP数据核字(2022)第193770号

责任编辑：魏 莹
封面设计：李 坤
责任校对：周剑云
责任印制：朱雨萌

出版发行：清华大学出版社
　　　　网　　　址：http://www.tup.com.cn, http://www.wqbook.com
　　　　地　　　址：北京清华大学学研大厦A座　　邮　　编：100084
　　　　社 总 机：010-83470000　　　　　　邮　　购：010-62786544
　　　　投稿与读者服务：010-62776969, c-service@tup.tsinghua.edu.cn
　　　　质量反馈：010-62772015, zhiliang@tup.tsinghua.edu.cn
印 装 者：三河市君旺印务有限公司
经　　销：全国新华书店
开　　本：187mm×250mm　　印　　张：14.5　　字　　数：351千字
版　　次：2022年12月第1版　　　　　　印　　次：2022年12月第1次印刷
定　　价：79.00元

产品编号：096723-01

前　言

Premiere Pro 2022 是一款常用的非线性视频编辑软件，由 Adobe 公司推出，具有较好的画面质量和兼容性，可以与 Adobe 公司推出的其他软件相互协作，广泛应用于广告制作和电视节目制作中。

一、购买本书能学到什么

本书以最新版本的 Premiere Pro 2022 为写作基础，围绕视频剪辑与效果设计展开介绍，以"理论 + 实例"的形式，对 Premiere Pro 2022 的相关知识点进行了全面的阐述，更加突出地强调知识点的实际应用性。书中每一范例的制作都给出了详细的操作步骤，同时还贯穿了作者在实际工作中得出的实战技巧和经验。真正实现所谓"授人以鱼不如授人以渔"，读者通过学习本书不仅可以掌握这款视频编辑软件，还能利用它独立完成各种视频片段的创作。全书结构清晰，内容丰富，主要包括以下几个部分的内容。

1. Premiere Pro 2022 基础入门

第 1 ~ 2 章介绍了 Premiere Pro 2022 的快速入门以及如何管理和编辑素材，包括了解数字视频的相关概念、熟悉 Premiere Pro 2022 的工作界面、创建与配置项目和序列、导入不同类型的文件、编辑与管理素材等方面的知识，帮助新手小白迅速建立有关 Premiere Pro 2022 的知识体系。

2. 视频基本剪辑

第 3 ~ 5 章全面介绍了在 Premiere Pro 2022 中如何剪辑视频、使用视频过渡效果、为视频添加字幕与图形等方面的知识与技巧。通过这 3 章的学习，读者可以在 Premiere 中对素材进行简单的基础剪辑操作，使素材连接更流畅，转场更自然。

3. 视频特效制作

第 6 ~ 8 章全面介绍了在 Premiere Pro 2022 中如何为视频添加关键帧动画，使用素材效果丰富视频内容，编辑与制作音频，调整视频色彩以及抠像等方面的知识与技巧。熟练掌握这些内容，可以帮助读者制作出高级、酷炫的视频。

4. 视频合成与输出

第 9 章详细介绍了渲染与输出视频的知识，包括输出不同格式的媒体文件，输出交换文件等内容。

5. 实际案例应用

第 10 章为综合实例，分别通过电子相册与 Vlog 片头的制作，使读者在实践中将前面 9

章的内容融会贯通，真正做到学以致用。

二、如何获取本书更多的学习资源

为帮助读者高效、快捷地学习本书知识点，我们不但为读者准备了与本书知识点有关的配套素材文件，而且还设计并制作了精品短视频教学课程，同时还为教师准备了 PPT 课件资源。

读者在学习本书的过程中，可以使用微信的"扫一扫"功能，扫描本书"课堂范例"标题左下角的二维码，在打开的视频播放页面中在线观看视频课程；也可以扫描下方二维码，下载文件"读者服务 .docx"，获得本书的配套学习素材、作者官方网站链接、微信公众号和读者 QQ 群服务等。

读者服务

本书由文杰书院组织编写，参与本书编写工作的有李军、袁帅、文雪、李强、高桂华等。

我们真切希望读者在阅读本书之后，可以开阔视野，增长实践操作技能，并从中学习和总结操作的经验和规律，达到灵活运用的水平。鉴于编者水平有限，书中纰漏和考虑不周之处在所难免，热忱欢迎广大读者予以批评、指正，以便我们日后能为您编写更好的图书。

编　者

目 录

第1章

Premiere 视频编辑快速入门

本章要点

- 数字视频编辑基础
- 认识工作界面和面板
- 创建与配置项目和序列

本章主要内容

本章主要介绍了数字视频编辑基础、认识工作界面和面板以及创建配置项目和序列方面的知识与技巧，在本章的最后还针对实际的工作需求，讲解了制作假日游园相册的方法。通过对本章内容的学习，读者可以掌握Premiere视频编辑入门方面的知识，为深入学习Premiere Pro 2022知识奠定基础。

1.1 数字视频编辑基础

视频（Video）泛指将一系列静态影像以电信号的方式加以捕捉、记录、处理、储存、传送与重现的各种技术。视频技术最早是为了电视系统而发展，但现在已经发展出多种不同的格式以利于拍摄者将视频记录下来。本节主要讲述数字视频编辑与影视制作的基础知识。

1.1.1 模拟信号与数字信号

现如今，数字技术正以异常迅猛的速度席卷全球的视频编辑领域，数字视频已经逐步取代模拟视频，成为新一代视频应用的标准。下面将详细介绍模拟信号与数字信号的相关知识。

1. 模拟信号

模拟信号是指用连续变化的物理量所表达的信息，通常又被称为连续信号。它在一定的时间范围内可以有无限多个不同的值。实际生产生活中的各种物理量，如摄像机摄下的图像、录音机录下的声音、车间控制室所记录的压力、转速、湿度等都是模拟信号，如图 1-1 所示。

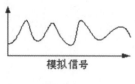

图 1-1

2. 数字信号

数字信号是指自变量是离散的、因变量也是离散的信号，这种信号的自变量用整数表示，因变量用有限数字中的一个数字来表示。在计算机中，数字信号的大小常用有限位的二进制数表示，如图 1-2 所示。

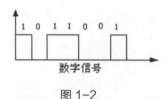

图 1-2

在数字电路中，由于数字信号只有 0、1 两个状态，它的值是通过中央值来判断的，在中央值以下规定为 0，在中央值以上规定为 1，所以即使混入了其他干扰信号，只要干扰信号的值不超过阈值范围，就可以再现出原来的信号。即使因干扰信号的值超过阈值范围而出现了误码，只要采用一定的编码技术，也很容易将出错的信号检测出来并加以纠正。因此，与模拟信号相比，数字信号在传输过程中具有更高的抗干扰能力，更远的传输距离，且失真幅度更小。

知识拓展

由于数字信号的幅值为有限数值，因此在传输过程中虽然也会受到噪声干扰，但当信噪比恶化到一定程度时，只需要在适当的距离采用判决再生的方法，即可生成无噪声干扰且和最初发送时是一模一样的数字信号。

1.1.2 帧速率和场

帧、帧速率、场和扫描方式这些词汇都是视频编辑中常常会出现的专业术语，它们都与视频播放有关。下面将逐一对这些专业术语和与其相关的知识进行详细介绍。

1. 帧

帧就是影像动画中最小单位的单幅影像画面，相当于电影胶片上的每一格镜头。一帧就是一幅静止的画面，连续的帧即形成动画，在早期的动画制作中，这些图像中的每一张都需要动画师绘制出来，如图 1-3 所示。

图 1-3

2. 帧速率

帧速率是指每秒钟刷新图片的帧数（单位为帧 / 秒，符号为 fps），也可以理解为图形处理器每秒钟能够刷新几次。对影片内容而言，帧速率是指每秒钟所显示的静止帧格数。要生成平滑连贯的动画效果，帧速率一般不小于 8 fps，而电影的帧速率为 24 fps。捕捉动态视频内容时，此数字越高越好。

帧速率也是描述视频信号的一个重要概念，对每秒钟扫描多少帧有一定的要求。对于 PAL 制式电视系统，帧速率为 25 fps；而对于 NTSC 制式电视系统，帧速率为 30 fps。虽然这些帧速率足以提供平滑的运动，但它们还没有高到足以使视频避免闪烁的程度。根据实验，人的眼睛可觉察到以低于 1/50 秒速度刷新图像造成的闪烁。然而，要求帧速率提高到这种程度，需要显著增加系统的频带宽度，这是相当困难的。

3. 场

在采用隔行扫描方式进行播放的显示设备中，每一帧画面都会被拆分开进行显示，而拆分后得到的残缺画面即被称为"场"。也就是说，帧速率为 30 fps 的显示设备，实质上每秒钟需要播放 60 场画面；而对于帧速率为 25 fps 的显示设备来说，其每秒钟需要播放 50 场画面。

在这一过程中，一幅画面首先显示的场被称为"上场"，而紧随其后进行播放的、组成该画面的另一场则被称为"下场"。

4. 逐行扫描和隔行扫描

通常显示器的扫描方式分隔行扫描和逐行扫描两种。逐行扫描相对于隔行扫描是一种先进的扫描方式，它是指显示屏显示图像进行扫描时，从屏幕左上角的第一行开始逐行进行，整个图像扫描一次完成。因此图像显示画面闪烁小，显示效果好。目前先进的显示器大都采用逐行扫描方式。隔行扫描就是每一帧被分割为两场，每一场包含了一帧中所有的奇数扫描行或者偶数扫描行，通常是先扫描奇数行得到第一场，然后扫描偶数行得到第二场。

隔行扫描是传统的电视扫描方式，如图 1-4 所示。按我国电视标准，一幅完整图像垂直方向由 625 条扫描线构成，一幅完整图像分两次显示，首先显示奇数场（1、3、5…），再显示偶数场（2、4、6…）。由于线数是恒定的，所以屏幕越大，扫描线越粗，大屏幕的背投电视扫描线相对较宽，而小屏幕电视扫描线相对细一些。

逐行扫描是使电视机的扫描方式按（1、2、3…）的顺序一行一行地显示一幅图像，构成一幅图像的 625 行一次显示完成的一种扫描方式，如图 1-5 所示。由于每一幅完整画面由 625 条扫描线组成，所以在观看电视时，扫描线几乎不可见，垂直分辨率较隔行扫描提高了一倍，完全克服了大面积闪烁的隔行扫描行固有的缺点，使图像更为细腻、稳定。在大屏幕电视上观看时效果尤佳，即便是长时间近距离观看眼睛也不易疲劳。

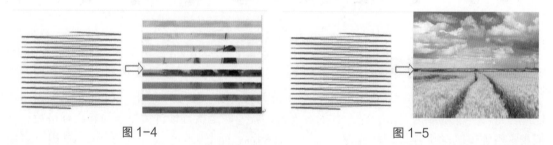

图 1-4   图 1-5

✎ **专家解读**

"场"的概念仅适用于采用隔行扫描方式进行播放的显示设备（如电视机），对于采用胶片进行播放的显像设备（胶片放映机）来说，由于其显像原理与电视机类产品完全不同，因此不会出现任何与"场"有关的内容。

1.1.3 分辨率和像素比

分辨率可以从显示分辨率与图像分辨率两个方向来分类。显示分辨率（屏幕分辨率）是屏幕图像显示的精密度，是指显示器所能显示的像素有多少。由于屏幕上的点、线和面都是由像素组成的，显示器可显示的像素越多，画面就越精细，同样的屏幕区域内能显示的信息也越多，所以分辨率是非常重要的性能指标。可以把整个图像想象成是一个大型的棋盘，而分辨率的表示方式就是所有经线和纬线交叉点的数目。在显示分辨率一定的情况下，显示屏越小图像越清晰，反之，显示屏大小固定时，显示分辨率越高图像越清晰。图像分辨率是图像中存储的信息量，是每英寸图像内有多少个像素点，单位为 PPI（Pixels per inch）。

像素比是指图像中的一个像素的宽度与高度之比。DV 基本上使用矩形像素，在 NTSC 制视频中是纵向排列的，而在 PAL 制视频中是横向排列的。使用计算机图形软件制作生成的图像大多使用方形像素。

1.1.4 常见的视频和音频格式

非线性编辑的出现，使得视频影像的处理方式进入了数字时代。与之相应的是，影像的数字化记录方法也更加多样化，在编辑视频影片之前，用户首先需要了解视频和音频格式。本小节将详细介绍常用的视频和音频格式方面的知识。

1. 常用视频格式

1）MPEG/MPG/DAT 格式

MPEG/MPG/DAT 类型的视频文件都是由 MPEG 编码技术压缩而成的视频文件，被广泛应用于 VCD/DVD 和 HDTV 的视频编辑与处理等方面。其中，VCD 内的视频文件由 MPEG 1 编码技术压缩而成（刻录软件会自动将 MPEG 1 编码的视频文件转换为 DAT 格式），DVD 内的视频文件则由 MPEG 2 压缩而成。

2）MOV 格式

这是由 Apple 公司研发的一种视频格式，是基于 QuickTime 音视频软件的配套格式。MOV 格式不仅能够在 Apple 公司所生产的 Mac 机上进行播放，还可以在基于 Windows 操作系统的 QuickTime 软件播放文件，MOV 格式也逐渐成为使用较为频繁的视频文件格式。

3）AVI 格式

AVI 是由微软公司研发的视频格式，其优点是允许影像的视频部分和音频部分交错在一起同步播放，调用方便、图像质量好，缺点是文件体积过于庞大。

4）WMV 格式

WMV 是一种可在互联网上实时传播的视频文件格式，其主要优点在于可扩充的媒体类型、本地或网络回放、可伸缩的媒体类型、流的优先级化、多语言支持、扩展性等。

5）RM/RMVB 格式

RM/RMVB 是按照 Real Networks 公司所制定的音频／视频压缩规范而创建的视频文件格式。RM 格式的视频文件只适于本地播放，而 RMVB 格式的文件除了能够进行本地播放外，还可通过互联网进行流式播放，用户只需进行短时间的缓冲，便可不间断地长时间欣赏影视节目。

2. 音频格式

1）WAVE 格式

WAVE（*.WAV）是微软公司开发的一种声音文件格式，用于保存 Windows 平台的音频信息资源，支持 MSADPCM、CCITT A LAW 等多种压缩算法，同时也支持多种音频位数、采样频率和声道。标准格式的 WAV 文件的采样频率为 44.1kHz，速率为 88KB/s，16 位量化位数，是各种音频文件中音质最好的，同时它的体积也是最大的。

2）AIFF

AIFF 是音频交换文件格式（Audio Interchange File Format）的英文缩写，是一种文件格式存储的数字音频（波形）的数据，AIFF 应用于个人电脑及其他电子音响设备以存储音乐数据。AIFF 支持 ACE2、ACE8、MAC3 和 MAC6 压缩，支持 16 位 44.1kHz 立体声。

3）MP3 格式

MP3 是一种采用了有损压缩算法的音频文件格式。由于 MP3 在采用心理声学编码技术的同时结合了人们的听觉原理，因此剔除了将某些人耳分辨不出的音频信号，从而实现了高达 1∶12 或 1∶14 的压缩比。

此外，MP3 还可以根据不同需要采用不同的采样率进行编码，如 96Kbps、112Kbps、128Kbps 等。其中，使用 128Kbps 采样率所获得 MP3 的音质非常接近于 CD 音质，但其大小仅为 CD 音乐的 1/10，因此成为目前最为流行的一种音乐文件。

4）WMA 格式

WMA（Windows Media Audio），它是微软公司推出的与 MP3 格式齐名的一种新的音频格式。由于 WMA 在压缩比和音质方面都超过了 MP3，更是远胜于 RA（Real Audio），即使在较低的采样频率下也能产生较好的音质。

5）MIDI

MIDI（Musical Instrument Digital Interface）格式被经常玩音乐的人使用。MID 文件格式由 MIDI 继承而来。MID 文件并不是一段录制好的声音，而是记录声音的信息，然后再告诉声卡如何再现音乐的一组指令。这样一个 MIDI 文件每存 1 分钟的音乐只用大约 5～10KB。MID 文件主要用于原始乐器作品，流行歌曲的业余表演，游戏音轨以及电子贺卡等。*.mid 文件重放的效果完全依赖声卡的档次。*.mid 格式的最大用处是在电脑作曲领域。*.mid 文件可以用作曲软件写出，也可以通过声卡的 MIDI 口把外接音序器演奏的乐曲输入电脑里，制成 *.mid 文件。

1.2 认识工作界面和面板

在编辑视频之前，对工作界面的认识是必不可少的，Premiere Pro 2022 采用了面板式的操作环境，整个用户界面由多个活动面板组成，视频的后期处理就是在各种面板中进行操作的。本节将详细介绍 Premiere Pro 2022 的工作界面和面板的相关知识。

1.2.1 认识 Premiere 工作界面

启动 Premiere Pro 2022 软件，程序默认打开的是【编辑】模式工作界面，如图 1-6 所示。其特点在于该布局方案为用户进行项目管理、查看源素材和节目播放效果、编辑时间轴等多项工作进行了优化，使用户在进行此类操作时能够快速找到所需面板或工具。

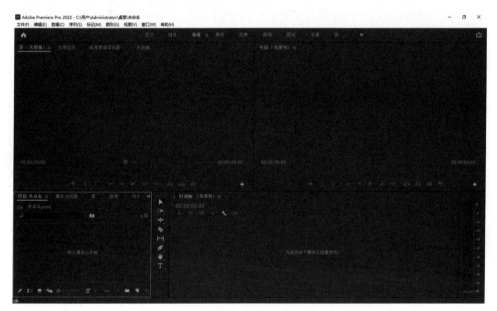

图 1-6

✏️ 知识拓展

在 Premiere Pro 2022 软件界面中，系统为用户提供了 13 种不同的工作界面布局，包括【学习】、【组件】、【编辑】、【颜色】、【效果】、【音频】、【图形】、【字幕】、【库】、【所有面板】、【元数据记录】、【作品】和 Editing 模式工作布局，以便用户在进行不同类型的编辑工作时，能够达到更高的工作效率，用户可以直接单击菜单栏下面的【工作区布局】工具条中相应的选项卡，快速选择界面布局。

1.2.2 常用的工作面板

Premiere Pro 2022 的工作界面由多个活动面板组成，下面详细介绍常用的几个工作面板的相关知识。

1. 【项目】面板

【项目】面板用于对素材进行导入、存放和管理，该窗口可以用多种方式显示素材，包括素材的缩略图、名称、类型、颜色标签、出入点等信息；在该面板中也可以为素材分类、重命名素材、新建素材等，如图 1-7 所示。

2. 【监视器】面板

【监视器】面板用来显示音视频节目编辑合成后的最终效果，用户可以通过预览最终效果来估算编辑的效果与质量，以便进一步地调整和修改，如图 1-8 所示。

图 1-7

图 1-8

3. 【时间轴】面板

【时间轴】面板是 Premiere Pro 2022 中最主要的编辑面板，在该面板中用户可以按照时间顺序排列和连接各种素材，可以剪辑片段、叠加图层、设置动画关键帧和合成效果等。时间轴还可以多层嵌套，该功能对制作影视长片或者复杂特效十分有用，如图 1-9 所示。

4. 【效果】面板

【效果】面板的作用是提供多种视频过渡效果，在 Premiere Pro 2022 中，系统共为用户提供了 70 多种视频过渡效果，如图 1-10 所示。

5. 【效果控件】面板

如果想要修改视频效果，可以在【效果控件】面板中进行设置，如图 1-11 所示。

图 1-9

图 1-10

6. 【源】面板

【源】面板的主要作用是预览和修剪素材，编辑影片时只需双击【项目】窗口中的素材，即可通过【源】面板中的监视器预览效果。在窗口中，素材预览区的下方为时间标尺，底部则为播放控制区，如图 1-12 所示。

图 1-11

图 1-12

1.2.3 课堂范例——自定义工作区

除了使用 Premiere Pro 2022 自带的工作界面布局外，用户还可以自定义工作区，打开自己常用的活动面板，将其保存为一个新的工作界面布局。

<< 扫码获取配套视频课程，本节视频课程播放时长约为 31 秒。

第 1 步　启动 Premiere Pro 2022 软件，在【窗口】菜单中选择经常使用的面板，❶单击【窗口】菜单，❷选择【工作区】命令，❸选择【另存为新工作区】子命令，如图 1-13 所示。

图 1-13

第 2 步　弹出【新建工作区】对话框，❶在【名称】文本框中输入名称，❷单击【确定】按钮即可完成自定义工作区的操作，如图 1-14 所示。选择【窗口】|【工作区】命令即可看到自定义的工作区。

图 1-14

1.3　创建与配置项目和序列

在 Premiere Pro 2022 中，项目是为获得某个视频剪辑而产生的任务集合，或者是为了对某个视频文件进行编辑处理而创建的框架。在制作影片时，由于所有操作都是围绕项目进行的，所以对 Premiere 项目的各项管理、配置工作就显得尤为重要。本节将详细介绍创建与配置项目的相关知识及操作方法。

1.3.1　创建与配置项目

在 Premiere Pro 2022 中，所有的影视编辑任务都以项目的形式呈现，因此创建项目文件是进行视频制作的首要工作。下面详细介绍创建与设置项目的操作方法。

配套素材路径：无

素材文件名称：无

操作步骤

第 1 步 启动 Premiere Pro 2022 软件，❶单击【文件】菜单，❷选择【新建】命令，❸选择【项目】子命令，如图 1-15 所示。

第 2 步 弹出【新建项目】对话框，❶切换到【常规】选项卡，在其中可设置项目文件的名称和保存位置，还可以对视频渲染和回放、音频视频显示格式等选项进行调整，❷设置完参数后单击【确定】按钮即可完成新建与配置项目的操作，如图 1-16 所示。

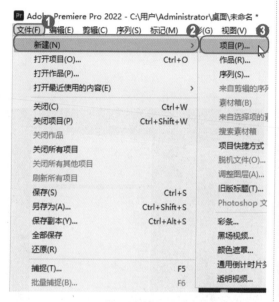

图 1-15

图 1-16

专家解读

在【暂存盘】选项卡中，由于各个临时文件夹的位置被记录在项目中，所以严禁在项目设置完成后更改所设临时文件夹的名称与保存位置，否则将造成项目所用文件的链接丢失，导致无法进行正常的项目编辑工作。

1.3.2　创建与配置序列

Premiere Pro 2022 内所有组接在一起的素材，以及这些素材所应用的各种滤镜和自定义设置，都必须放置在一个被称为"序列"的 Premiere 项目元素内。序列对项目极其重要，因为只有当项目内拥有序列时，用户才可进行影片编辑操作。下面详细介绍创建与配置序列的操作方法。

配套素材路径：无

素材文件名称：无

第1步 接着 1.3.1 节创建的项目继续操作，❶单击【文件】菜单，❷选择【新建】命令，❸选择【序列】子命令，如图 1-17 所示。

第2步 弹出【新建序列】对话框，❶在【序列预设】选项卡中列出了众多预设方案，选择某种方案后，在右侧文本框中即可查看该方案的信息与部分参数，❷单击【确定】按钮即可完成创建与配置序列的操作，如图 1-18 所示。

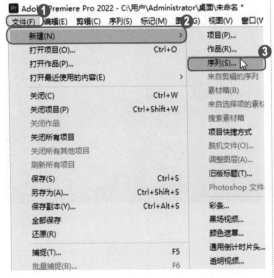

图 1-17

图 1-18

1.3.3　保存项目文件

由于 Premiere Pro 2022 软件在创建项目之初就已经要求用户设置项目的保存位置，所以在保存项目文件时无须再次设置文件保存路径。

配套素材路径：无

素材文件名称：无

操作步骤

第 1 步 ❶单击【文件】菜单，❷选择【另存为】命令，如图 1-19 所示。

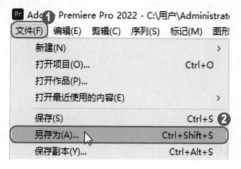

图 1-19

第 2 步 弹出【保存项目】对话框，❶在【文件名】下拉列表框中输入名称，❷单击【保存】按钮即可完成保存项目的操作，如图 1-20 所示。

图 1-20

1.3.4 课堂范例——倒计时片头

 本节将详细介绍使用 Premiere Pro 2022 创建通用倒计时片头的操作方法，通用倒计时片头是 Premiere Pro 2022 自带的一种素材，可以方便用户快速创建倒计时素材。

＜＜ 扫码获取配套视频课程，本节视频课程播放时长约为 54 秒。

 配套素材路径：配套素材/第1章
素材文件名称：倒计时片头.prproj

知识拓展

要制作一部完整的影片，首先要确立故事的大纲。随后根据故事大纲做好详细的脚本描述，以此作为影片制作的参考指导。脚本编写完成之后，按照影片情节的需要准备素材。一般需要使用相机、摄像机等拍摄大量的视频素材，还需要准备音频和图片等素材。

操作步骤

第 1 步 启动 Premiere Pro 2022 软件，新建项目文件，在【新建项目】对话框中保持默认设置，单击【确定】按钮，如图 1-21 所示。

第 2 步 打开项目文件，❶在【项目】面板中单击【新建项】按钮，❷选择【通用倒计时片头】选项，如图 1-22 所示。

图 1-21

图 1-22

第3步 弹出【新建通用倒计时片头】对话框，保持系统默认设置，单击【确定】按钮，如图 1-23 所示。

第4步 弹出【通用倒计时设置】对话框，❶选中【在每秒都响提示音】复选框，❷单击【确定】按钮，如图 1-24 所示。

图 1-23

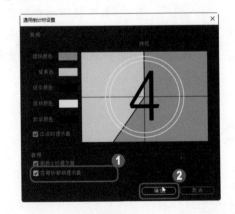

图 1-24

第5步 在【项目】面板中添加一个"通用倒计时"素材，单击并拖动素材至【时间轴】面板中，即可创建一个名为"通用倒计时"的序列。通过以上步骤即可完成制作倒计时片头的操作，如图 1-25 所示。

图 1-25

1.4 实战课堂——假日游园相册

视频剪辑的基本流程可大致分为前期准备、创建项目、导入素材、编辑素材和导出项目 5 个步骤。本节将通过制作"假日游园相册"的案例详细介绍视频剪辑工作流程。

<< 扫码获取配套视频课程，本节视频课程播放时长约为 1 分 17 秒。

配套素材路径：配套素材/第1章

素材文件名称：假日游园相册.prproj

1.4.1 前期准备

制作相册当然要有相片，游园当天拍摄的照片要保存好，并重新命名以方便查找。本案例使用的素材路径为"配套素材 / 第 1 章 /"下面的 1.jpg、2.jpg、3.jpg、4.jpg。

1.4.2 创建项目

在素材确认无误后，就可以新建项目了。启动 Premiere Pro 2022 软件，新建项目文件，在【新建项目】对话框中输入名称，单击【确定】按钮即可完成创建项目的操作，如图 1-26 所示。

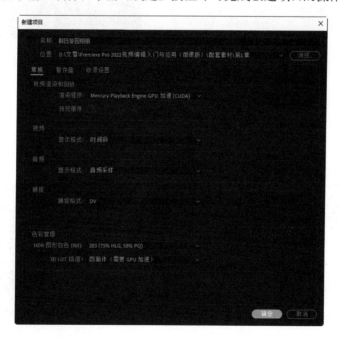

图 1-26

📝 **专家解读**

在进入编辑项目后，单击【编辑】菜单，在弹出的下拉菜单中选择【首选项】命令，在弹出的子菜单中选择命令也能设置软件的工作参数。

1.4.3 导入素材

在新建项目之后，接下来需要做的是将待编辑的素材导入到 Premiere 的【项目】面板中，为影片编辑做准备。

操作步骤 ————————————————————————— Step by Step

第 1 步 双击【项目】面板，打开【导入】对话框，❶选中准备导入的素材，❷单击【打开】按钮，如图 1-27 所示。

第 2 步 素材已经导入到【项目】面板中，如图 1-28 所示。

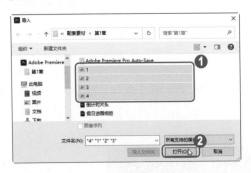

图 1-27

图 1-28

1.4.4 编辑素材

导入素材之后，接下来应在【时间轴】面板中对素材进行编辑操作。在【项目】面板中选中所有图片素材，单击并拖动素材至【时间轴】面板中，创建序列，如图 1-29 所示。

图 1-29

1.4.5 导出项目

编辑完项目之后，将需要编辑的项目导出，以便于其他编辑软件编辑。

操作步骤 Step by Step

第1步 ❶单击【文件】菜单，❷选择【导出】命令，❸选择【媒体】命令，如图 1-30 所示。

第2步 弹出【导出】对话框，❶设置【格式】选项，❷在【输出名称】区域设置名称，❸单击【导出】按钮即可完成导出项目的操作，如图 1-31 所示。

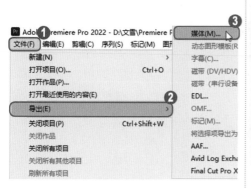

图 1-30

图 1-31

1.5 思考与练习

通过本章的学习，读者可以掌握数字视频的基本知识以及 Premiere Pro 2022 的基本操作方法，在本节中将针对本章知识点进行相关知识测试，以达到巩固与提高的目的。

一、填空题

1. _____用于对素材进行导入、存放和管理，该窗口可以用多种方式显示素材，包括素材的缩略图、名称、类型、颜色标签、出入点等信息；也可为素材分类、重命名素材、新建素材等。

2. _____就是影像动画中最小单位的单幅影像画面，相当于电影胶片上的每一格镜头。

二、选择题

1. 以下不属于 Premiere Pro 2022 菜单的是（　　）。

    A．文件   B．编辑

    C．滤镜   D．剪辑

2. 【效果】面板的作用是提供多种视频过渡效果，在 Premiere Pro 2022 中，系统共为用户提供了（　　）多种视频过渡效果。

    A．60   B．70

    C．80   D．90

3. 常用的视频格式不包括（　　）。

    A．MP3   B．AVI

    C．WMV   D．MOV

三、简答题

1. 如何创建序列？

2. 显示分辨率与图像分辨率有何区别？

第2章

管理和编辑素材

本章要点

● 导入素材
● 编辑与管理素材

本章主要内容

　　本章主要介绍了导入素材、编辑和管理素材方面的知识与技巧，在本章的最后还针对实际的工作需求，讲解了制作电商促销广告的方法。通过对本章内容的学习，读者可以掌握管理和编辑素材方面的知识，为深入学习Premiere Pro 2022知识奠定基础。

2.1 导入素材

Premiere Pro 2022 支持图像、视频、音频等多种类型和文件格式的素材导入，这些素材的导入方式基本相同，将准备好的素材导入到【项目】面板中，可以通过不同的方法来完成，本节将详细介绍导入素材的相关知识及操作方法。

2.1.1 导入视频素材

在制作和编辑影片时，用户可以大量使用视频素材，Premiere Pro 2022 支持多种格式的视频文件，本例详细介绍导入视频素材的操作方法。

操作步骤 Step by Step

第1步 新建Premiere Pro 2022项目文件后，❶单击【文件】菜单，❷选择【导入】命令，如图2-1所示。

第2步 弹出【导入】对话框，❶选择准备导入的视频素材，❷单击【打开】按钮，如图2-2所示。

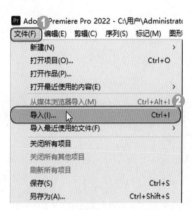

图 2-1

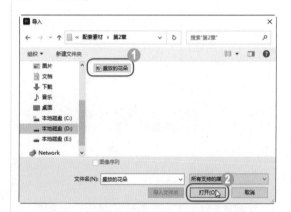

图 2-2

第3步 可以看到视频素材已经导入到【项目】面板中，如图2-3所示。

■ 指点迷津

除了使用【文件】|【导入】命令导入素材外，用户还可以按 Ctrl+I 组合键，也可以打开【导入】对话框。

图 2-3

2.1.2 导入序列素材

Premiere Pro 2022 支持导入多种序列格式的素材，本例详细介绍导入序列素材的方法。

操作步骤

第1步 新建 Premiere Pro 2022 项目文件后，❶单击【文件】菜单，❷选择【导入】命令，如图 2-4 所示。

图 2-4

第2步 弹出【导入】对话框，❶选择准备导入的素材，❷选中【图像序列】复选框，❸单击【打开】按钮，如图 2-5 所示。

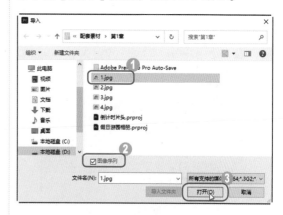

图 2-5

第3步 可以看到序列素材已经导入到【项目】面板中，如图 2-6 所示。

■ 指点迷津

在【导入】对话框中，选中【图像序列】复选框是导入序列素材的关键。

图 2-6

2.1.3 课堂范例——导入 PSD 素材

PSD 是 Adobe 公司的图形设计软件 Photoshop 的专用格式，Premiere Pro 2022 支持导入该格式的素材，从而使用户更加方便地使用此格式的素材文件。本例详细介绍导入 PSD 格式的素材的方法。

<< 扫码获取配套视频课程，本节视频课程播放时长约为 37 秒。

配套素材路径：配套素材/第2章
素材文件名称：围观.psd

操作步骤   Step by Step

第1步 新建项目文件，❶单击【文件】菜单，❷选择【导入】命令，如图2-7所示。

第2步 弹出【导入】对话框，❶选择准备导入的 PSD 素材，❷单击【打开】按钮，如图 2-8 所示。

图 2-8

图 2-7

第3步 弹出【导入分层文件：围观】对话框，❶在【导入为】下拉列表框中选择【各个图层】选项，❷在下方列表框中选中所有图层，❸单击【确定】按钮，如图2-9所示。

第4步 返回 Premiere Pro 2022 界面中，可以看到已经将 PSD 素材文件导入到【项目】面板中，它是以一个文件夹的形式显示，如图 2-10 所示。

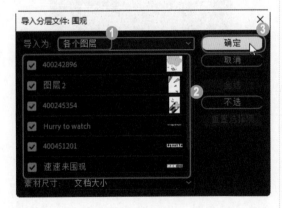

图 2-9

图 2-10

✐ 知识拓展

在【项目】面板的空白处右击，在弹出的快捷菜单中选择【导入】命令，也可以打开【导入】对话框；或者双击【项目】面板的空白处，同样能打开【导入】对话框。使用在空白处右击的方法打开的【导入】对话框，将直接进入 Premiere Pro 2022 软件上次访问的文件夹。

2.2 编辑与管理素材

在 Premiere Pro 2022 软件中，将素材文件导入完毕后，用户就可以进行编辑与管理素材文件的操作了，如打包素材文件、编组素材文件、嵌套素材文件等。本节将详细介绍编辑与管理素材文件的相关知识及操作方法。

2.2.1 打包素材文件

添加了视频、图像、音频等素材文件，并做了相应处理后的项目文件，想要在另一台电脑上进行使用，就需要打包保存。本例详细介绍打包素材文件的操作方法。

▌▌ 操作步骤   Step by Step

第1步 编辑完素材后，❶单击【文件】菜单，❷选择【项目管理】命令，如图 2-11 所示。

第2步 弹出【项目管理器】对话框，❶选中【序列】复选框，❷在【生成项目】区域选中【收集文件并复制到新位置】单选按钮，❸在【目标路径】区域设置打包保存的路径，❹单击【确定】按钮即可完成打包素材的操作，如图 2-12 所示。

图 2-11

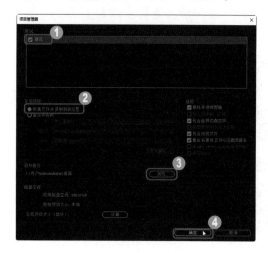

图 2-12

23

2.2.2　编组素材文件

在 Premiere Pro 2022 中，将素材文件进行编组可以方便用户批量处理素材文件，从而大大提高工作效率。在时间轴上选中所有素材并右击，在弹出的快捷菜单中选择【编组】命令即可将多个素材进行编组，如图 2-13 所示。

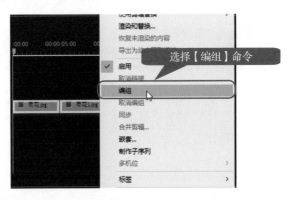

图 2-13

2.2.3　嵌套素材文件

使用嵌套命令可以将多个或单个片段合成一个序列来进行移动、复制等操作。本例详细介绍嵌套素材文件的操作方法。

操作步骤　　　　　　　　　　　　　　　　　　　　　　　　Step by Step

第 1 步　在时间轴上选中所有素材并右击，在弹出的快捷菜单中选择【嵌套】命令，如图 2-14 所示。

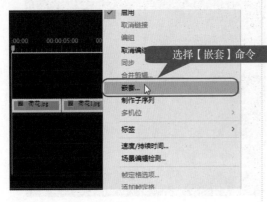

图 2-14

第 2 步　弹出【嵌套序列名称】对话框，保持默认设置，单击【确定】按钮，如图 2-15 所示。

图 2-15

第3步 可以看到两个独立的素材已经变为一个嵌套序列，如图 2-16 所示，通过以上步骤即可完成嵌套素材的操作。

图 2-16

专家解读

嵌套成为一个序列后是无法取消的，若不想使用嵌套序列，则双击嵌套序列，选中嵌套序列中的素材并右击，在弹出的快捷菜单中选择【剪切】命令，然后删除嵌套序列。

2.2.4 重命名素材文件

对【项目】面板中的素材文件进行重命名往往是为了方便在影视编辑操作过程中更容易进行识别，但并不会改变源文件的名称。在【项目】面板中双击素材名称，素材名称将处于可编辑状态，使用输入法输入新的素材名称，按 Enter 键可完成重命名素材的操作，如图 2-17 和图 2-18 所示。

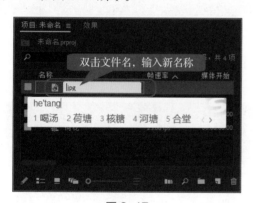

图 2-17

图 2-18

2.2.5 课堂范例——链接和取消音视频链接

在对视频文件和音频文件重新编辑后，用户可以对其进行链接操作，使两个素材成为一个整体。如果需要单独操作视频或音频文件，还可以执行取消链接的操作。

<< 扫码获取配套视频课程，本节视频课程播放时长约为 15 秒。

配套素材路径：配套素材/第2章
素材文件名称：链接和取消音视频链接.prproj

操作步骤   Step by Step

第1步 打开"盛放的花朵"文件，❶在【时间轴】面板中选中视频和音频素材，右击素材，❷在弹出的快捷菜单中选择【链接】命令，如图 2-19 所示。

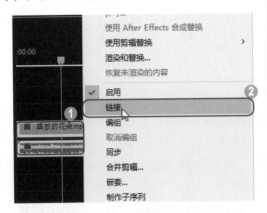

图 2-19

第2步 可以看到音频和视频素材已经链接为一个整体，如图 2-20 所示。

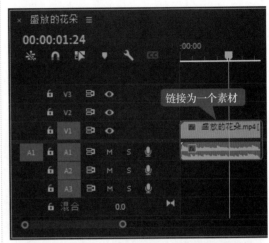

图 2-20

第3步 右击刚刚链接的素材，在弹出的快捷菜单中选择【取消链接】命令，如图 2-21 所示。

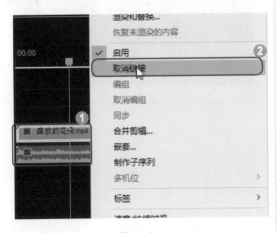

图 2-21

第4步 可以看到音频和视频素材已经分开为两个素材，如图 2-22 所示。

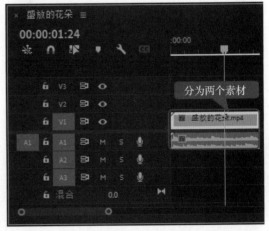

图 2-22

2.2.6 课堂范例——调整视频播放速度

在视频的众多属性中，播放速度是一个十分重要的属性，对于一些时长较长的视频，用户可以使用 Premiere Pro 2022 对播放速度进行处理，从而将视频调整到合适的时长。

＜＜ 扫码获取配套视频课程，本节视频课程播放时长约为 29 秒。

 配套素材路径：配套素材/第2章
素材文件名称：调整视频播放速度.prproj

操作步骤   Step by Step

第1步 打开"盛放的花朵"文件，❶在【时间轴】面板中选中视频素材，右击素材，❷在弹出的快捷菜单中选择【速度/持续时间】命令，如图 2-23 所示。

第2步 弹出【剪辑速度/持续时间】对话框，❶在【速度】文本框中输入150%，❷单击【确定】按钮，如图 2-24 所示。

图 2-23

图 2-24

第3步 可以看到在【时间轴】面板中的素材文件上显示 150% 的字样，表示素材以 150% 的速度进行播放，如图 2-25 所示。

图 2-25

27

 知识拓展

　　选中素材，单击【剪辑】菜单，在弹出的下拉菜单中选择【速度／持续时间】命令，也可以打开【剪辑速度／持续时间】对话框。2.2.5 小节的链接操作也可以通过执行【剪辑】|【链接】命令来完成。

2.3　实战课堂——制作电商促销广告

　　在电视摄影中，摄像机的机位不变，通过摄像机镜头焦距的变化而改变镜头的视角，我们把这种镜头语言叫做推镜头和拉镜头。

　　<< 扫码获取配套视频课程，本节视频课程播放时长约为 4 分 16 秒。

📁 配套素材路径：配套素材/第2章
　　素材文件名称：电商促销广告.prproj

2.3.1　创建项目文件并导入素材

　　本小节的内容包括启动软件、新建项目、导入素材。

 操作步骤　　　　　　　　　　　　　　　　　　Step by Step

第 1 步　启动 Premiere Pro 2022 软件，❶在【新建项目】对话框中输入名称，❷单击【确定】按钮，如图 2-26 所示。

图 2-26

第 2 步　双击【项目】面板空白处，打开【导入】对话框，❶选择"礼物盒 .png"文件，❷单击【打开】按钮，如图 2-27 所示。

图 2-27

2.3.2　编辑素材

本小节的内容包括创建颜色遮罩素材，将颜色遮罩和图片素材拖入【时间轴】面板中，调整图片素材的大小并为其添加位置关键帧，创建旧版标题等。

操作步骤　　　　　　　　　　　　　　　　　　　　　Step by Step

第 1 步　❶ 在【项目】面板中单击【新建项】按钮，❷选择【颜色遮罩】选项，如图 2-28 所示。

第 2 步　弹出【新建颜色遮罩】对话框，保持默认设置，单击【确定】按钮，如图 2-29 所示。

图 2-28

图 2-29

第 3 步　弹出【拾色器】对话框，❶设置 RGB 数值，❷单击【确定】按钮，如图 2-30 所示。

第 4 步　弹出【选择名称】对话框，❶输入名称，❷单击【确定】按钮，如图 2-31 所示。

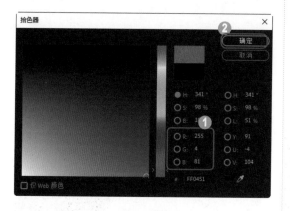

图 2-30

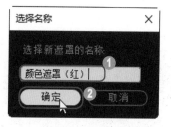

图 2-31

第 5 步　将"颜色遮罩（红）"和"礼物盒 .png"素材拖入【时间轴】面板中，如图 2-32 所示。

第 6 步　在【时间轴】面板中选中"礼物盒 .png"素材，在【效果控件】面板中设置【运动】选项参数，并为【位置】选项添加关键帧，如图 2-33 所示。

图 2-32

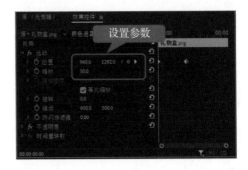

图 2-33

第7步 按照之前的方法再创建一个宽度为1200，高度为300的"颜色遮罩（黄）"素材（R：255，G：168，B：0），效果如图 2-34 所示。

图 2-34

第9步 弹出【新建字幕】对话框，保持默认设置，单击【确定】按钮，如图 2-36 所示。

第8步 ❶单击【文件】菜单，❷选择【新建】命令，❸选择【旧版标题】子命令，如图 2-35 所示。

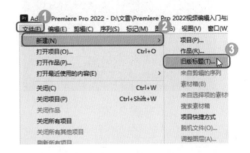

图 2-35

第10步 打开【字幕】面板，使用【文字】工具输入字幕内容，设置第一行字幕字体为【黑体】，颜色与"颜色遮罩（红）"素材一致，大小为 160；第二行字幕字体为【黑体】，颜色与"颜色遮罩（黄）"素材一致，大小为 100，如图 2-37 所示。

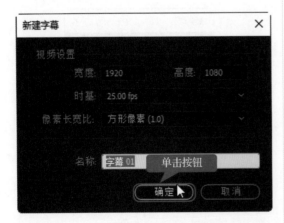

图 2-36

图 2-37

2.3.3 为字幕添加关键帧动画

本小节的内容是为字幕添加缩放关键帧动画。

操作步骤

第1步 将"字幕01"素材拖入【时间轴】面板中的 V4 轨道上，如图 2-38 所示。

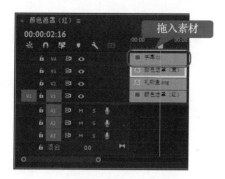

图 2-38

第3步 在 00:00:02:00 处继续设置【缩放】选项的参数为 100，如图 2-40 所示。

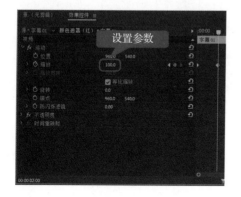

图 2-40

第5步 在 00:00:02:00 处继续设置【缩放】选项的参数为 100，如图 2-42 所示。

第2步 在【时间轴】面板中选中"字幕01"素材，在【效果控件】面板中，在 00:00:00:00 处单击【缩放】选项右侧的【切换动画】按钮，设置参数为 10，如图 2-39 所示。

图 2-39

第4步 在【时间轴】面板中选中"颜色遮罩（黄）"素材，在【效果控件】面板中，在 00:00:00:00 处单击【缩放】选项右侧的【切换动画】按钮，设置参数为 10，如图 2-41 所示。

图 2-41

图 2-42

2.3.4 输出作品

本小节的内容包括预览作品，预览无误后输出作品。

操作步骤 Step by Step

第1步 在【时间轴】面板中将时间滑块移至开始处，单击【节目】面板中的【播放】按钮，预览作品，如图 2-43 所示。

图 2-43

第3步 弹出【导出】对话框，❶设置【格式】选项，❷单击【输出名称】右侧的文件名，如图 2-45 所示。

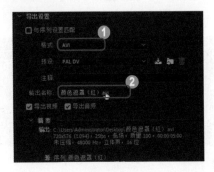

图 2-45

第5步 返回【导出】对话框，单击【导出】按钮即可完成操作，如图 2-47 所示。

第2步 预览没有问题后，❶单击【文件】菜单，❷选择【导出】命令，❸选择【媒体】子命令，如图 2-44 所示。

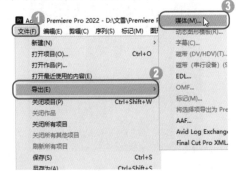

图 2-44

第4步 弹出【另存为】对话框，❶选择保存位置，❷在【文件名】下拉列表框中输入名称，❸单击【保存】按钮，如图 2-46 所示。

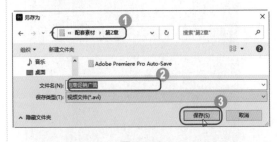

图 2-46

图 2-47

2.4 思考与练习

通过本章的学习，读者可以掌握管理和编辑素材的基本知识以及一些常见的操作方法，在本节中将针对本章知识点进行相关知识测试，以达到巩固与提高的目的。

一、填空题

1. Premiere Pro 2022 支持图像、_____、音频等多种类型和文件格式的素材导入。

2. 在【导入】对话框中，选中_____复选框是导入序列素材的关键。

二、选择题

1. 导入素材的快捷键是（　　）。

    A. Ctrl+A   B. Ctrl+I   C. Ctrl+M   D. Ctrl+F

2. 使用（　　）命令可以将多个或单个片段合成一个序列来进行移动、复制等操作。

    A.【嵌套】   B.【链接】   C.【编组】   D.【打包】

三、简答题

1. 如何在 Premiere Pro 2022 中导入 PSD 文件？

2. 如何重命名素材？

第3章

视频剪辑

本章要点

- 在监视器面板中编辑视频
- 在【时间轴】面板中编辑视频
- 视频编辑工具
- 应用【项目】面板创建素材

本章主要
内容

　　本章主要介绍了在监视器面板中编辑视频、在【时间轴】面板中编辑视频、视频编辑工具和应用【项目】面板创建素材方面的知识与技巧，在本章的最后还针对实际的工作需求，讲解了制作电影片头的方法。通过对本章内容的学习，读者可以掌握视频剪辑方面的知识，为深入学习Premiere Pro 2022知识奠定基础。

3.1 在监视器面板中编辑视频

如果要进行精确的编辑操作，就必须先使用监视器面板对素材进行预处理，再将其添加至【时间轴】面板内，逐渐形成一个完整的影片。

3.1.1 监视器面板

监视器面板包括【源】监视器面板和【节目】监视器面板。下面详细介绍这两个面板的相关知识。

1. 【源】监视器面板

【源】监视器面板的主要功能是预览和修剪素材，编辑影片时只需双击【项目】面板中的素材，即可通过【源】监视器面板预览其效果，如图 3-1 所示。

【源】监视器面板中的各按钮用法如下。

- 【查看区域栏】按钮 ：将鼠标指针放在左右两侧的滑块上，单击并向左或向右拖动鼠标，用于放大或缩小时间标尺。
- 【添加标记】按钮 ：有的工程，例如电影、电视剧等，编辑加工时间长达几个月、数年时间，这期间编辑的文件可能很多，有的文件很久后再次打开，自己也会忘记内容，添加标记就可以起到解释、提醒的作用，方便剪辑师操作。
- 【标记入点】按钮 ：设置素材的进入时间。
- 【标记出点】按钮 ：设置素材的结束时间。
- 【设置未编号标记】滑块 ：添加自由标记。
- 【转到入点】按钮 ：无论当前时间指示器的位置在何处，单击该按钮，指示器都将跳至素材入点。
- 【转到出点】按钮 ：无论当前时间指示器的位置在何处，单击该按钮，指示器都将跳至素材出点。
- 【后退一帧】按钮 ：以逐帧的方式倒放素材。
- 【播放 - 停止切换】按钮 ：控制素材画面的播放与暂停。
- 【前进一帧】按钮 ：以逐帧的方式播放素材。
- 【插入】按钮 ：在素材中间单击该按钮，在插入素材的同时，会将该素材一分为二。
- 【覆盖】按钮 ：将材料覆盖在插入点后面。
- 【导出帧】按钮 ：将当前画面导出为图片。

2. 【节目】监视器面板

从外观上来看，【节目】监视器面板与【源】监视器面板基本一致。与【源】监视器面板不同的是，【节目】监视器面板用于查看各素材在添加至序列并进行相应编辑后的播出效果，如图 3-2 所示。

图 3-1　　　　　　　　　　　　　　　　图 3-2

无论是【源】监视器面板还是【节目】监视器面板，在播放控制区中单击【按钮编辑器】按钮➕，都会弹出【按钮编辑器】对话框。对话框中的按钮同样是用来编辑视频文件的。只要将某个按钮图标拖入面板下方，然后单击【确定】按钮即可将按钮显示在监视器面板中，方便用户使用，如图 3-3 所示。

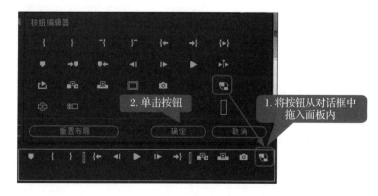

图 3-3

3.1.2 时间控制与安全区域

与直接在【时间轴】面板中进行的编辑操作相比，在监视器面板中编辑影片剪辑的优点是能够精确地控制时间。例如，除了能够通过直接输入当前时间的方式来精确定位外，还可通过【后退一帧】或【前进一帧】等按钮来微调当前的播放时间。

除此之外，拖动时间区域标杆两端的滑块，时间区域标杆变得越长，则时间标尺所显示的总播放时间越长；时间区域标杆变得越短，则时间标尺所显示的总播放时间也越短，如图 3-4 和图 3-5 所示。

图 3-4

图 3-5

Premiere Pro 2022 中的安全区分为字幕安全区与动作安全区。当制作的节目用于广播电视时，由于多数电视机会切掉图像外边缘的部分内容，所以用户要参考安全区域来保证图像元素在屏幕范围之内。在监视器面板上右击，在弹出的快捷菜单中选择【安全边距】命令，如图 3-6 所示，即可显示画面中的安全框。其中，里面的方框是字幕安全区，外面的方框是动作安全区，如图 3-7 所示。

图 3-6

图 3-7

默认情况下，动作和字幕的安全边距分别为10%和20%。可以在【项目设置】对话框的【动作与字幕安全区域】选项组中更改安全区域的尺寸。

3.1.3 设置素材的入点和出点

素材开始帧的位置是入点，结束帧的位置是出点，【源】监视器面板中入点与出点范围之外的素材相当于被删除了，在时间轴中这一部分将不会出现，改变出点入点的位置就可以改变素材在时间轴上的长度。下面详细介绍改变入点和出点的操作方法。

操作步骤 Step by Step

第1步 ❶ 在【源】监视器面板中拖动【设置未编号标记】滑块 找到设置入点的位置，❷单击【标记入点】按钮，入点位置的左边颜色不变，入点位置的右边变成灰色，如图 3-8 所示。

第2步 ❶ 拖动【设置未编号标记】滑块 到准备设置出点的位置，❷单击【标记出点】按钮，出点位置的左边保持灰色，出点位置的右边颜色不变，即可完成设置素材入点和出点的操作，如图 3-9 所示。

图 3-8

图 3-9

3.1.4 标记素材

为素材添加标记可以在随后的编辑中快速切换至标记的位置，从而实现快速查找视频帧，或与时间轴上的其他素材快速对齐的目的。

1. 添加标记

在【源】监视器面板中，将【设置未编号标记】滑块 移动到需要添加标记的位置，然后单击【添加标记】按钮█，在该位置会出现一个绿色的标记点，如图 3-10 所示。

2. 跳转标记

在监视器面板或【时间轴】面板中，在标尺上右击，在弹出的快捷菜单中选择【转到下一个标记】命令，如图 3-11 所示。时间标记会自动跳转到下一标记的位置，如图 3-12 所示。

图 3-10　　　　　　　　　　　　　　　　图 3-11

在设置好的标记处双击鼠标，即可弹出【标记】对话框，在该对话框中用户可以给标记进行详细的命名、添加注释等操作，如图 3-13 所示。

图 3-12　　　　　　　　　　　　　　　　图 3-13

✏️ 专家解读

在监视器面板中右击，在弹出的快捷菜单中选择【清除所选的标记】命令，即可清除当前选中的标记；选择【清除所有标记】命令，则所有标记都会被清除。

3.1.5 课堂范例——覆盖影片部分内容

本范例将通过"四点剪辑"方法实现替换影片的部分内容的操作。"四点剪辑"的四点包括素材的入点和出点、在【时间轴】面板上插入或覆盖的入点和出点。

< < 扫码获取配套视频课程，本节视频课程播放时长约为1分06秒。

配套素材路径： 配套素材/第3章
素材文件名称： 覆盖影片部分内容.prproj

操作步骤   Step by Step

第1步 打开"冬"项目文件，将【项目】面板中的"冰雪.jpg"素材文件拖入【时间轴】面板上，如图3-14所示。

第2步 ❶ 在【节目】监视器面板中设置时间为00:00:02:20，❷ 单击【标记入点】按钮，为素材标记入点，如图3-15所示。

图3-14

图3-15

第3步 ❶ 设置时间为00:00:03:05，❷ 单击【标记出点】按钮，为素材标记出点，如图3-16所示。

第4步 在【项目】面板中双击"冰雪.jpg"素材，❶ 在【源】监视器面板中设置时间为00:00:07:00，❷ 单击【标记入点】按钮，为素材标记入点，如图3-17所示。

图3-16

图3-17

第5步 ❶ 在【源】监视器面板中设置时间为 00:00:28:00，❷单击【标记出点】按钮，为素材标记出点，❸在【源】监视器面板中单击【覆盖】按钮 ⬛，如图 3-18 所示。

图 3-18

第6步 弹出【适合剪辑】对话框，❶选中【更改剪辑速度（适合填充）】单选按钮，❷单击【确定】按钮，如图 3-19 所示。

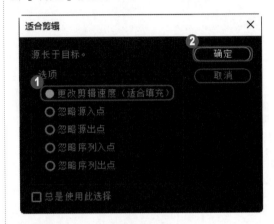

图 3-19

第7步 可以看到时间轴上素材已经发生改变，右击最后一段素材，在弹出的快捷菜单中选择【缩放为帧大小】命令，通过以上步骤即可完成使用"四点剪辑"方法覆盖影片部分内容的操作，如图 3-20 所示。

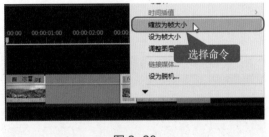

图 3-20

3.2 在【时间轴】面板中编辑视频

视频素材编辑的前提是将视频素材放置在【时间轴】面板中。在该面板中，用户不仅能够将不同的视频素材按照一定的顺序排列，还可以对其进行编辑。本节将详细介绍【时间轴】面板的相关知识及操作方法。

3.2.1 选择和移动素材

选择工具 ▶、向前选择轨道工具 ▤ 和向后选择轨道工具 ▤ 都是调整素材片段在轨道中位置的工具。单击【选择工具】按钮 ▶，在【时间轴】面板中单击素材，即可选中该素材，如图 3-21 所示。

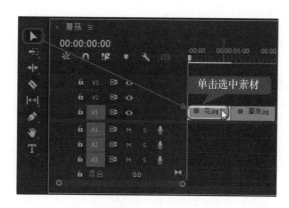

图 3-21

单击【向前选择轨道工具】按钮，单击蓝色时间轴右边的素材，只有时间轴右边的素材被选中，如图 3-22 所示；单击蓝色时间轴左边的素材，两个素材同时被选中，如图 3-23 所示。

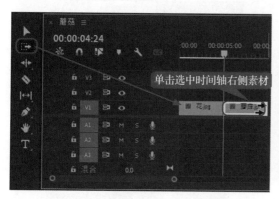

图 3-22

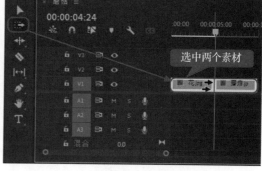

图 3-23

单击【向后选择轨道工具】按钮，单击蓝色时间轴左边的素材，只有时间轴左边的素材被选中，如图 3-24 所示；单击蓝色时间轴右边的素材，两个素材同时被选中，如图 3-25 所示。

图 3-24

图 3-25

使用上面的三种工具选中素材后，单击并拖动素材即可改变素材在时间轴中的位置，完成移动素材的操作。

3.2.2 删除序列间隙

当素材与素材之间存在多个间隙时，用户可以同时删除多个间隙，省去重复删除的麻烦。下面详细介绍删除序列间隙的方法。

操作步骤 *Step by Step*

第1步 可以看到【时间轴】面板中的素材之间存在间隙，如图 3-26 所示。

图 3-26

第3步 可以看到【时间轴】面板中的间隙已经被删除，如图 3-28 所示。

■ 指点迷津

选中间隙并右击，在弹出的快捷菜单中选择【波纹删除】命令，也可以删除间隙。

第2步 选中任意一个间隙，❶单击【序列】菜单，❷选择【封闭间隙】命令，如图 3-27 所示。

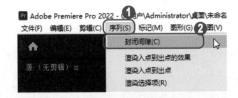

图 3-27

图 3-28

3.2.3 为视频添加关键帧

Premiere 中的关键帧可以帮助用户控制视频或音频效果的参数变化，并将效果的渐变过程附加在过渡帧中，从而形成个性化的节目内容。下面介绍为视频添加关键帧的方法。

操作步骤 *Step by Step*

第1步 在【时间轴】面板中扩展 V1 轨道的宽度，使所有工具按钮都显示出来，❶设置时间为 00:00:07:11，❷单击【添加 - 移除关键帧】按钮◉，为视频添加第 1 个关键帧，如图 3-29 所示。

第2步 ❶设置时间为 00:00:13:10，❷单击【添加 - 移除关键帧】按钮◉，为视频添加第 2 个关键帧，如图 3-30 所示。

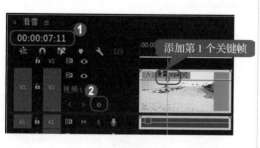

图 3-29

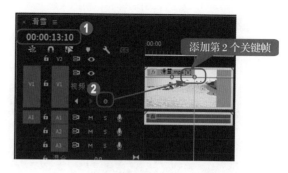

图 3-30

3.2.4 课堂范例——为音频添加淡入淡出效果

除了 3.2.3 小节讲解的为视频添加关键帧外，还可以为音频添加关键帧。在播放音乐时，通常音乐的开始与结尾都会制作淡入淡出的效果，本范例将介绍使用关键帧实现淡入淡出音频效果的方法。

<< 扫码获取配套视频课程，本节视频课程播放时长约为 1 分 20 秒。

 配套素材路径：配套素材/第3章
素材文件名称：为音频添加淡入淡出效果.prproj

操作步骤

Step by Step

第1步 新建项目文件，双击【项目】面板空白处，打开【导入】对话框，❶选择"抒情音乐 .wav"文件，❷单击【打开】按钮，如图 3-31 所示。

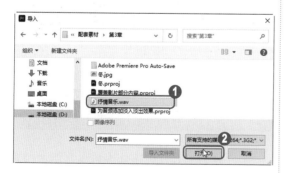

图 3-31

第2步 素材已经添加到【项目】面板中，将其拖入【时间轴】面板中，并扩展 A1 轨道的宽度，使所有工具按钮都显示出来，❶设置时间为 00:00:00:00，❷单击【添加 - 移除关键帧】按钮◉，为视频添加第 1 个关键帧，如图 3-32 所示。

图 3-32

第3步 ❶ 设置时间为 00:00:06:00，❷ 单击【添加 - 移除关键帧】按钮◎，为视频添加第 2 个关键帧，如图 3-33 所示。

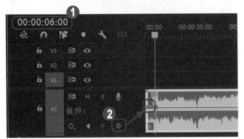

图 3-33

第4步 ❶ 设置时间为 00:02:35:02，❷ 单击【添加 - 移除关键帧】按钮◎，为视频添加第 3 个关键帧，如图 3-34 所示。

图 3-34

第5步 ❶ 设置时间为 00:02:47:01，❷ 单击【添加 - 移除关键帧】按钮◎，为视频添加第 4 个关键帧，如图 3-35 所示。

图 3-35

第6步 单击并向下拖动第 1 个关键帧至最低处，如图 3-36 所示。

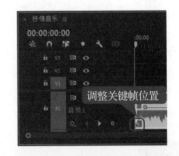

图 3-36

第7步 单击并向下拖动第 4 个关键帧至最低处，这样即可完成为音频添加关键帧制作淡入淡出效果的操作，如图 3-37 所示。

图 3-37

3.3 视频编辑工具

在时间轴上剪辑素材会使用到很多工具，其中包括剃刀工具、外滑和内滑工具以及滚动编辑工具。本节将详细介绍视频编辑工具的相关知识及操作方法。

3.3.1 剃刀工具

单击【剃刀工具】按钮 ，然后单击时间轴上的素材片段，素材会被裁切成两段，单击
哪里就从哪里裁切开，如图 3-38 所示。当裁切点靠近蓝色时间轴的时候，裁切点会被吸附
到蓝色时间轴所在的位置。

图 3-38

在【时间轴】面板中，当用户拖动时间标记找到想要裁切的地方时，可以在键盘上按
Ctrl+K 组合键，在时间标记所在位置把素材裁切开。

3.3.2 外滑和内滑工具

利用外滑工具 ，可以在保持序列持续时间不变的情况下，同时调整序列内某一素材的
入点与出点，并且不会影响该素材两侧的其他素材。

单击【外滑工具】按钮 ，在【时间轴】面板中找到需要剪辑的素材。将鼠标光标移动
到片段上，左右拖曳鼠标对素材进行修改，如图 3-39 所示。在拖曳的过程中，【节目】监视
器面板中将会依次显示上一片段的出点和后一片段的入点，同时显示画面帧数，如图 3-40
所示。

图 3-39

图 3-40

与外滑工具一样的是，内滑工具 也能够在保持序列持续时间不变的情况下，在序列内
修改素材的入点与出点。不过，内滑工具所修改的对象并不是当前操作的素材，而是与该素
材相邻的其他素材。

单击【内滑工具】按钮 ，将鼠标指针移动到两个片段结合处，左右拖曳鼠标对素材进行修改，如图 3-41 所示。在拖曳的过程中，【节目】监视器面板中将显示被调整片段的出点与入点以及未被编辑的出点与入点，如图 3-42 所示。

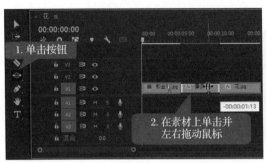

图 3-41   图 3-42

3.3.3 滚动编辑工具

使用滚动编辑工具 可以改变片段的入点或出点，相邻素材的出点或入点也相应改变，但影片的总长度不变。

单击【滚动编辑工具】按钮，将鼠标指针放到时间轴轨道里其中一个片段上，当鼠标指针变成红色竖线条时，按住鼠标左键向右拖动可以使入点拖后，从而使得该片段缩短，同时前一片段的出点相应拖后，长度增加，如图 3-43 所示。按住鼠标左键向左拖动可以使入点提前，从而使得该片段增长，同时前一相邻片段的出点相应提前，长度缩短，前提是被拖动的片段入点前面必须有余量可供调节。【节目】监视器面板会显示两素材的过渡画面，如图 3-44 所示。

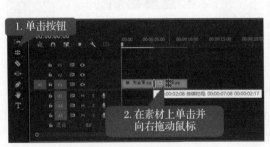

图 3-43   图 3-44

3.3.4 课堂范例——改变素材长度

与滚动编辑工具不同，波纹编辑工具能够在不影响相邻素材的情况下，对序列内某一素材的入点或出点进行调整，使用波纹编辑工具拖曳素材的出点可以改变所选素材的长度。

<< 扫码获取配套视频课程，本节视频课程播放时长约为25秒。

配套素材路径：配套素材/第3章
素材文件名称：改变素材长度.prproj

操作步骤   Step by Step

第1步 打开"花"项目文件，❶单击【波纹编辑工具】按钮，❷在【时间轴】面板中将鼠标指针移至第1个素材的末尾，鼠标指针变为右括号箭头时，单击并向右拖动鼠标改变素材的长度，如图3-45所示。

第2步 可以看到第1个素材的持续时间变长，通过以上步骤即可完成改变素材长度的操作，如图3-46所示。

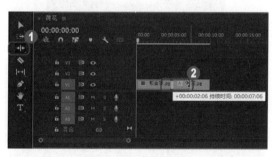

图 3-45

图 3-46

3.4 应用【项目】面板创建素材

　　Premiere Pro 2022除了能使用导入的素材外，还可以自建新元素，这对用户编辑视频很有帮助，如可以创建彩条测试、黑场、彩色遮罩、调整图层、透明视频、倒计时等。本节将详细介绍使用Premiere创建新元素的相关知识及操作方法。

3.4.1 彩条

　　一般的视频前都会有一段彩条，类似以前电视机没信号的样子，制作彩条素材的方法非

常简单，具体操作步骤如下。

第1步 新建项目文件，❶在【项目】面板中单击【新建项】按钮▣，❷选择【彩条】选项，如图 3-47 所示。

第2步 弹出【新建色条和色调】对话框，保持默认设置，单击【确定】按钮，如图 3-48 所示。

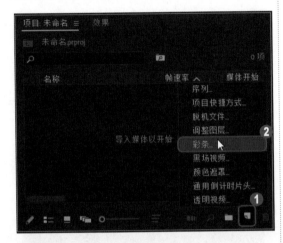

图 3-47

图 3-48

第3步 可以看到在【项目】面板中已经添加了一个色条和色调素材文件，通过以上步骤即可完成创建彩条的操作，如图 3-49 所示。

■ **指点迷津**

单击【文件】菜单，选择【新建】命令，选择【彩条】子命令，也可以完成创建彩条的操作。

图 3-49

3.4.2　黑场视频

用户除了可以制作彩条素材之外，还可以制作黑场视频，并且可以对创建出的黑场进行透明度调整。制作黑场素材的方法非常简单，具体操作方法如下。

操作步骤

第1步 新建项目文件，❶在【项目】面板中单击【新建项】按钮■，❷选择【黑场视频】选项，如图 3-50 所示。

第2步 弹出【新建黑场视频】对话框，保持默认设置，单击【确定】按钮，如图 3-51 所示。

图 3-50

图 3-51

第3步 可以看到在【项目】面板中已经添加了一个黑场视频文件，通过以上步骤即可完成创建黑场视频的操作，如图 3-52 所示。

图 3-52

3.4.3 调整图层

调整图层是一个透明的图层，它能应用特效到一系列的影片剪辑中而无须重复地复制和粘贴属性。只要应用一个特效到调整图层轨道上，特效结果将自动出现在下面的所有视频轨道中。下面详细介绍创建调整图层的操作步骤。

操作步骤

第1步 新建项目文件，❶在【项目】面板中单击【新建项】按钮■，❷选择【调整图层】选项，如图 3-53 所示。

第2步 弹出【调整图层】对话框，保持默认设置，单击【确定】按钮，如图 3-54 所示。

图 3-53

图 3-54

第3步 可以看到在【项目】面板中已经添加了一个调整图层文件，通过以上步骤即可完成创建调整图层的操作，如图 3-55 所示。

图 3-55

3.5 实战课堂——制作电影片头

本案例将制作将视频画面逐渐缩小为一条，并添加字幕且字幕镂空可以透出视频的电影片头效果，主要应用【裁剪】效果、【轨道遮罩键】效果、添加关键帧等知识点。

<< 扫码获取配套视频课程，本节视频课程播放时长约为 3 分 11 秒。

配套素材路径：配套素材/第3章

素材文件名称：电影片头.prproj

3.5.1 新建项目并导入素材

本小节的主要内容是启动 Premiere Pro 2022 软件，新建项目文件，将素材文件导入【项目】面板中。

操作步骤

第 1 步 启动 Premiere Pro 2022 软件，新建项目文件，双击【项目】面板，打开【导入】对话框，❶选择"夜景 .mp4"和"夜景bgm.mp3"素材，❷单击【打开】按钮，如图 3-56 所示。

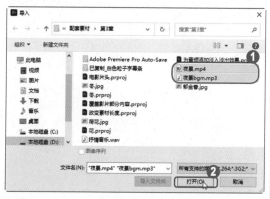

图 3-56

第 2 步 将素材导入到【项目】面板中，将"夜景 .mp4"素材拖入【时间轴】面板中，右击素材，在弹出的快捷菜单中选择【取消链接】命令，如图 3-57 所示。

图 3-57

第 3 步 取消视频和音频的链接后，选中音频，按 Delete 键删除音频，将【项目】面板中的"夜景 bgm.mp3"素材拖入 A1 轨道中，视频的长度比音频长出一段，单击【裁剪工具】按钮，裁剪掉多出的视频，如图 3-58所示。

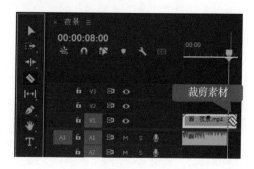

图 3-58

3.5.2 添加视频效果

本小节的主要内容是为视频添加【裁剪】视频效果，为【裁剪】视频效果设置关键帧动画等。

第1步 在【效果】面板中找到【裁剪】视频效果，将其拖入【时间轴】面板中的"夜景.mp4"素材上，如图3-59所示。

第2步 在【效果控件】面板中单击展开【裁剪】效果选项，在00:00:00:00处单击【顶部】和【底部】选项左侧的【切换动画】按钮，添加第1个关键帧，如图3-60所示。

图3-59

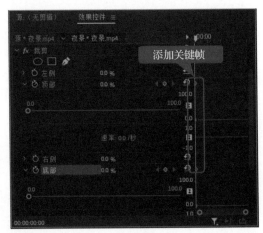

图3-60

第3步 在00:00:04:00处设置【顶部】和【底部】选项参数，添加第2个关键帧，如图3-61所示。

第4步 在【节目】监视器面板中查看添加的效果，如图3-62所示。

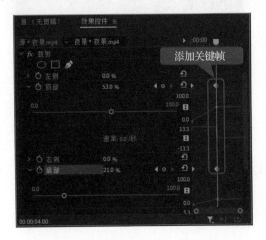

图3-61

图3-62

第 5 步 选中【顶部】和【底部】选项的第 1 个关键帧，右击关键帧，在弹出的快捷菜单中选择【缓入】命令，如图 3-63 所示。

第 6 步 选中【顶部】和【底部】选项的第 2 个关键帧，右击关键帧，在弹出的快捷菜单中选择【缓出】命令，如图 3-64 所示。

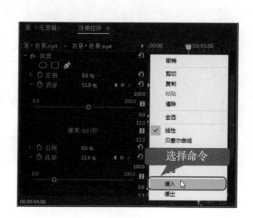

图 3-63

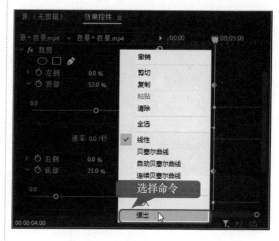

图 3-64

3.5.3 创建旧版标题

本小节的主要内容是创建旧版标题素材，复制视频素材到新轨道，为旧版标题添加【轨道遮罩键】视频效果等。

操作步骤

Step by Step

第 1 步 ❶ 单击【文件】菜单，❷选择【新建】命令，❸选择【旧版标题】子命令，如图 3-65 所示。

第 2 步 弹出【新建字幕】对话框，保持默认设置，单击【确定】按钮，如图 3-66 所示。

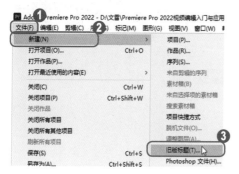

图 3-65

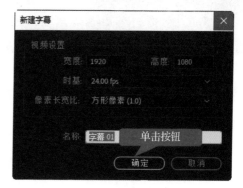

图 3-66

第3步 打开【字幕】面板，❶使用文字工具输入内容，❷设置字幕的【字体系列】为【方正准圆简体】，如图 3-67 所示。

图 3-67

第4步 关闭【字幕】面板，将"字幕 01"素材拖入【时间轴】面板中的 V2 轨道上，如图 3-68 所示。

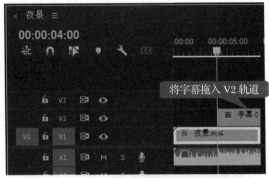

图 3-68

第5步 将"字幕 01"素材移至 V3 轨道中，按住 Alt 键单击并拖动"夜景 .mp4"素材至 V2 轨道中，复制出一个视频素材，如图 3-69 所示。

图 3-69

第6步 选中 V2 轨道中的视频素材，在【效果控件】面板中右击【裁剪】效果，在弹出的快捷菜单中选择【清除】命令，如图 3-70 所示。

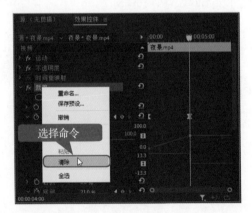

图 3-70

第7步 在【效果】面板中找到【轨道遮罩键】视频效果，将其拖入 V2 轨道中的"夜景 .mp4"素材上，在【效果控件】面板中设置【轨道遮罩键】效果选项中的【遮罩】为【视频 3】，即 V3 轨道中的字幕，如图 3-71 所示。

第8步 将 V2 轨道上的视频移至与字幕对齐，如图 3-72 所示。

图 3-71

图 3-72

第9步 使用裁剪工具裁剪掉 V2 轨道上多余的视频，如图 3-73 所示。

第10步 在【节目】监视器面板中预览效果，如图 3-74 所示。

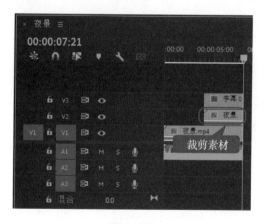

图 3-73

图 3-74

3.6 思考与练习

通过本章的学习，读者可以掌握视频剪辑的基本知识以及一些常见的操作方法，在本节中将针对本章知识点进行相关知识测试，以达到巩固与提高的目的。

一、填空题

1. 监视器面板包括_____监视器面板和_____监视器面板。
2. Premiere Pro 2022 中的安全区分为_____安全区与_____安全区。

二、选择题

1. 以下不是调整素材片段在轨道中位置的工具的为（　　）。

   A. 选择工具　　　　　　　　B. 向前选择工具

   C. 向后选择工具　　　　　　D. 剃刀工具

2. 选中间隙并右击，在弹出的快捷菜单中选择（　　）命令，可以删除间隙。

   A.【嵌套】　　　　　　　　B.【链接】

   C.【速度/持续时间】　　　　D.【波纹删除】

三、简答题

1. 在 Premiere Pro 2022 中如何创建黑场视频素材？
2. 在 Premiere Pro 2022 中如何设置素材的入点和出点？

第4章

使用视频过渡效果

本章要点

- 快速应用视频过渡
- 设置过渡效果
- 常用过渡效果

本章主要
内容

　　本章主要介绍了快速应用视频过渡、设置过渡效果和常用过渡效果方面的知识与技巧，在本章的最后还针对实际的工作需求，讲解了制作Vlog闪屏转场效果和水波转场过渡效果的方法。通过对本章内容的学习，读者可以掌握使用视频过渡效果方面的知识，为深入学习Premiere Pro 2022知识奠定基础。

4.1 快速应用视频过渡

在镜头切换中加入过渡效果这种技术被广泛应用于数字电视制作中，是比较常见的技术手段。过渡的加入会使节目更富有表现力，影片风格更加突出。本节将详细介绍快速应用视频过渡的相关知识及操作方法。

4.1.1 什么是视频过渡

视频过渡是指两个场景（即两段素材）之间，采用一定技巧，如溶解、划像、卷页等，实现场景或情节之间的平滑过渡，从而起到丰富画面，吸引观众的作用。

制作一部影视作品往往要用成百上千个镜头。这些镜头的画面和视角大都千差万别，直接将这些镜头连接在一起会让整部影片的显示断断续续。为此，在编辑影片时便需要在镜头之间添加视频过渡，使镜头与镜头之间的过渡更为自然、顺畅，使影片的视觉连续性更强。

4.1.2 在视频中添加过渡效果

如果想要在两段素材之间添加过渡效果，那么这两段素材必须在同一轨道上，且中间没有间隙。在素材之间应用视频过渡，只需将【效果】面板中的过渡效果拖曳至轨道上的两段素材之间即可。图 4-1 所示为将效果拖入 V1 轨道两素材之间。

图 4-1

4.1.3 调整过渡区域

将过渡效果添加到素材后，还可以调整过渡区域的位置，直接使用选择工具 ▶ 单击并移动过渡效果即可改变过渡区域。图 4-2 所示为过渡效果全部在前一个素材中，图 4-3 所示为过渡效果在两素材之间，图 4-4 所示为过渡效果全部在后一个素材中。

图 4-2

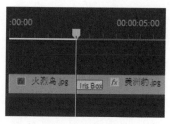

图 4-3　　　　　　　　图 4-4

4.1.4　清除与替换过渡效果

在编排镜头的过程中，有时很难预料镜头在添加视频过渡后会产生怎样的效果。此时，往往需要通过清除、替换的方法，尝试应用不同的过渡，并从中挑选出最合适的效果。

1. 清除过渡效果

如果用户感觉当前应用的视频过渡不太合适时，只需在【时间轴】面板中的视频过渡上右击，在弹出的快捷菜单中选择【清除】命令，如图 4-5 所示。即可清除相应的视频过渡效果，如图 4-6 所示。

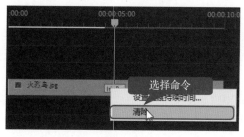

图 4-5

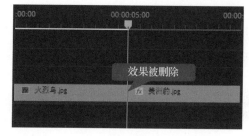

图 4-6

2. 替换过渡效果

与清除过渡效果后再添加新的过渡效果相比，替换过渡效果的方法更为简便。只需将新的过渡效果拖曳覆盖在原有过渡效果上即可。

4.1.5　课堂范例——【急摇】效果

　　　　【急摇】视频过渡效果放置在【内滑】视频过渡文件夹中，该过渡效果主要是通过随机闪现两个素材画面来实现过渡的。本范例将介绍应用该过渡效果的方法。

　　　　　　　＜＜扫码获取配套视频课程，本节视频课程播放时长约为 28 秒。

配套素材路径：配套素材/第4章
素材文件名称：【急摇】效果.prproj

操作步骤

[第1步] 打开"动物"项目文件，❶在【效果】
面板中单击展开【视频过渡】文件夹，❷单
击展开【内滑】文件夹，❸单击并拖动【急摇】
视频过渡效果至V1轨道中的两个素材之间，
如图4-7所示。

[第2步] 在【节目】监视器面板中查看过渡
效果，如图4-8所示。

图4-7

图4-8

4.2 设置过渡效果

为了让用户自由地发挥想象力，Premiere Pro 2022 允许用户在一定范围内修改视频过渡
效果。本节将详细介绍设置过渡效果属性的相关知识及操作方法。

4.2.1 设置过渡时间

在【时间轴】面板中选择添加的视频过渡效果，在【效果控件】面板中即可设置该视频
过渡效果的参数。单击【持续时间】选项右侧的数值后，在出现的文本框内输入时间数值，
即可设置视频过渡的持续时间，该参数值越大，视频过渡特效持续时间越长，参数值越小，
视频过渡特效持续时间越短，如图4-9所示。

专家解读

将鼠标光标置于参数的数值上，当光标变成手型形状时，左右拖曳鼠标可以快速更改
参数数值。

4.2.2　设置过渡效果的对齐方式

在【效果控件】面板中，【对齐】选项用于控制视频过渡效果的切割对齐方式，分为【中心切入】、【起点切入】、【终点切入】及【自定义起点】4 种，如图 4-10 所示。值得注意的是，有些过渡效果无法自定义起点。

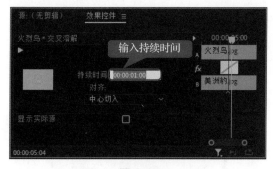

图 4-9

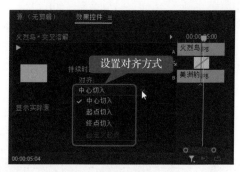

图 4-10

4.2.3　设置过渡效果的反向

在【效果控件】面板中选中【反向】复选框，可以调整过渡效果实现的方向，如图 4-11 所示。

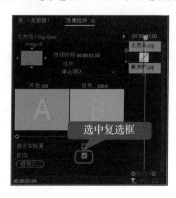

图 4-11

4.2.4　课堂范例——Center Split 效果

Center Split 视频过渡效果放置在 Slide 视频过渡文件夹中，该过渡效果主要是通过从画面中心向四角拆分前一个素材、逐渐显现后一个素材。本范例将介绍应用该过渡效果的方法。

<< 扫码获取配套视频课程，本节视频课程播放时长约为 30 秒。

配套素材路径：配套素材/第4章

素材文件名称：Center Split效果.prproj

操作步骤

第1步 打开"动物"项目文件，❶在【效果】面板中单击展开【视频过渡】文件夹，❷单击展开 Slide 文件夹，❸单击并拖动 Center Split 视频过渡效果至 V1 轨道中的两素材之间，如图 4-12 所示。

图 4-12

第3步 在【节目】监视器面板中查看效果，如图 4-14 所示。

第2步 在【效果控件】面板中设置持续时间、对齐、边框宽度、边框颜色等参数，选中【反向】复选框，如图 4-13 所示。

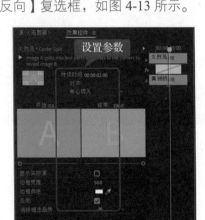

图 4-13

图 4-14

4.3 常用过渡效果

Premiere Pro 2022 作为一款非常优秀的视频编辑软件，内置了许多视频过渡效果供用户选用。本节将详细介绍常用的过渡特效。

4.3.1 Iris 过渡效果

Iris 视频过渡效果组中包含 Iris Box、Iris Cross、Iris Diamond、Iris Round 4 个视频过渡效果。

1. Iris Box 过渡效果

在 Iris Box 视频过渡效果中，图像 B 以盒子形状从图像的中心划开，盒子形状逐渐增大，直至充满整个画面并全部覆盖住图像 A，如图 4-15 所示。

2. Iris Cross 过渡效果

在 Iris Cross 视频过渡效果中，图像 B 以一个十字形出现且图形越来越大，以至于将图像 A 完全覆盖，如图 4-16 所示。

图 4-15

图 4-16

3. Iris Diamond 过渡效果

在 Iris Diamond 视频过渡效果中，图像 B 以菱形图像形式在图像 A 的任何位置出现并且菱形的形状逐渐展开，直至覆盖图像 A，如图 4-17 所示。

4. Iris Round 过渡效果

在 Iris Round 视频过渡效果中，图像 B 呈圆形在图像 A 上展开并逐渐覆盖整个图像 A，如图 4-18 所示。

图 4-17

图 4-18

4.3.2 Dissolve 过渡效果

Dissolve 视频过渡效果组主要是以淡化、渗透等方式产生过渡效果，该类效果包括 Addictive Dissolve、Non- Addictive Dissolve、Film Dissolve 3 个视频过渡效果。

1. Addictive Dissolve 过渡效果

在 Addictive Dissolve 视频过渡效果中，图像 A 和图像 B 以亮度叠加方式相互融合，图像 A 逐渐变亮的同时图像 B 逐渐出现在屏幕上，如图 4-19 所示。

2. Non- Addictive Dissolve 过渡效果

在 Non- Addictive Dissolve 视频过渡特效中，图像 A 从黑暗部分消失，而图像 B 则从最亮部分到最暗部分依次进入屏幕，直至最终完全占据整个屏幕，如图 4-20 所示。

图 4-19 　　　　　　　　　　　图 4-20

3. Film Dissolve 过渡效果

在 Film Dissolve 视频过渡效果中，图像 A 逐渐变色为胶片反色效果并逐渐消失，同时图像 B 也由胶片反色效果逐渐显现并恢复正常色彩，如图 4-21 所示。

图 4-21

4.3.3 Page Peel 过渡效果

Page Peel 视频过渡效果组主要是使图像 A 以各种卷叶的动作形式消失，最终显示出图像 B。该组包含了 Page Peel、Page Turn 两个视频过渡效果。

1. Page Peel 过渡效果

Page Peel 视频过渡效果类似于 Page Turn 的对折效果，但是卷曲时背景是渐变色，如图 4-22 所示。

2. Page Turn 过渡效果

在 Page Turn 视频过渡效果中，图像 A 以滚轴动画的方式向一边滚动卷曲，滚动卷曲完成后最终显现出图像 B，如图 4-23 所示。

图 4-22   图 4-23

4.3.4 Cross Zoom 过渡效果

Cross Zoom 视频过渡效果在 Zoom 文件夹中，在 Cross Zoom 视频过渡效果中，图像 A 被逐渐放大直至撑出画面，图像 B 以图像 A 最大的尺寸比例逐渐缩小进入画面，最终在画面中缩放成原始比例大小。该过渡效果如图 4-24 所示。

图 4-24

4.3.5 课堂范例——Band Wipe 效果

Band Wipe 视频过渡效果放置在 Wipe 视频过渡文件夹中，该过渡效果的原理是以条带状逐渐擦除前一个素材直至完全显示出后一个素材。本范例将介绍应用该过渡效果的方法。

<< 扫码获取配套视频课程，本节视频课程播放时长约为 34 秒。

 配套素材路径：配套素材/第4章

素材文件名称：Band Wipe效果.prproj

操作步骤　　　　　　　　　　　　　　　　　　　　　　　Step by Step

第1步 打开"动物"项目文件，在【效果】面板中单击展开【视频过渡】文件夹，❶单击展开【Wipe】文件夹，❷单击并拖动【Band Wipe】视频过渡效果至 V1 轨道中的两素材之间，如图 4-25 所示。

第2步 在【效果控件】面板中设置持续时间、对齐、边框宽度、边框颜色等参数，选中【反向】复选框，如图 4-26 所示。

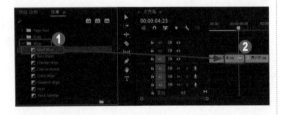

图 4-25

图 4-26

第3步 在【节目】监视器面板中查看效果，如图 4-27 所示。

图 4-27

4.4 实战课堂——制作 Vlog 闪屏转场效果

在制作 Vlog 的时候，不同场景的画面转场需要过渡，本案例介绍闪屏转场效果的制作方法，主要应用剃刀工具裁剪素材以达到闪屏效果。

<< 扫码获取配套视频课程，本节视频课程播放时长约为 51 秒。

 配套素材路径：配套素材/第4章
素材文件名称：Vlog闪屏转场.prproj

4.4.1 新建项目并导入素材

本小节的主要内容是启动 Premiere Pro 2022，新建项目文件，将素材文件导入【项目】面板中。

操作步骤
Step by Step

第1步 启动 Premiere Pro 2022 软件，新建项目文件，双击【项目】面板，打开【导入】对话框，❶选择"三峡.mp4"和"长城.mp4"素材，❷单击【打开】按钮，如图 4-28 所示。

第2步 将两个素材导入到【项目】面板中后，将"长城.mp4"拖入【时间轴】面板中的 V1 轨道上，将"三峡.mp4"拖入【时间轴】面板中的 V2 轨道上，使两段素材有重叠部分，如图 4-29 所示。

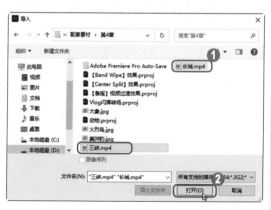

图 4-28

图 4-29

第3步 移动 V2 轨道上的素材，使其与 V1 轨道中素材重叠部分的持续时间为 1 秒，如图 4-30 所示。

图 4-30

4.4.2 裁剪素材

本小节的主要内容是使用剃刀工具裁剪 V2 轨道中重叠部分的素材，然后每隔一帧删除素材。

操作步骤 Step by Step

第1步 在工具栏中单击【剃刀工具】按钮，每过一帧裁剪一次，共裁剪 11 次，如图 4-31 所示。

第2步 在工具栏中单击【选择工具】按钮，依次选中偶数帧并将其删除，即可完成制作闪屏过渡转场的效果，如图 4-32 所示。

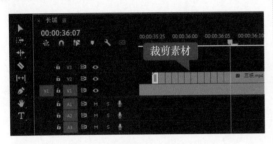

图 4-31

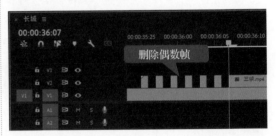

图 4-32

4.5 实战课堂——制作水波转场过渡效果

在制作 Vlog 的时候，不同场景的画面转场需要过渡，本案例介绍水波转场过渡效果的制作方法，主要应用【湍流置换】效果来实现水波转场过渡效果。

<< 扫码获取配套视频课程，本节视频课程播放时长约为 1 分 49 秒。

4.5.1 **新建项目并导入素材**

配套素材路径：配套素材/第4章
素材文件名称：水波转场过渡效果.prproj

　　本小节的主要内容是启动 Premiere Pro 2022，新建项目文件，将素材文件导入【项目】面板中，新建【调整图层】素材。

操作步骤

Step by Step

第 1 步 启动 Premiere Pro 2022 软件，新建项目文件，双击【项目】面板，打开【导入】对话框，❶选择"三峡 .mp4"和"长城 .mp4"素材，❷单击【打开】按钮，如图 4-33 所示。

图 4-33

第 3 步 ❶在【项目】面板中单击【新建项】按钮，❷选择【调整图层】选项，如图 4-35 所示。

图 4-35

第 2 步 将两个素材导入到【项目】面板中后，将其拖入【时间轴】面板中的 V1 轨道上，如图 4-34 所示。

图 4-34

第 4 步 弹出【调整图层】对话框，保持默认设置，单击【确定】按钮，如图 4-36 所示。

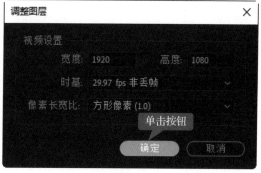

图 4-36

第5步 在【项目】面板中添加了调整图层素材后，将调整图层素材拖入 V2 轨道中并放置在两素材首尾相接处，如图 4-37 所示。

图 4-37

第7步 弹出【剪辑速度 / 持续时间】对话框，❶设置【持续时间】参数，❷单击【确定】按钮，如图 4-39 所示。

第6步 右击调整图层素材，在弹出的快捷菜单中选择【速度 / 持续时间】命令，如图 4-38 所示。

图 4-38

图 4-39

4.5.2 添加【湍流置换】效果

本小节的主要内容是为调整图层素材添加【湍流置换】视频效果，并为效果添加关键帧动画。

操作步骤
Step by Step

第1步 在【效果】面板的搜索框中输入"湍流"，即可搜索出【湍流置换】效果，如图 4-40 所示。

第2步 将【湍流置换】效果拖入【时间轴】面板中的调整图层素材上。在【效果控件】面板中，❶在调整图层的开始处单击【数量】和【演化】选项左侧的【切换动画】按钮，❷设置参数为 0，添加第一个关键帧，如图 4-41 所示。

图 4-40

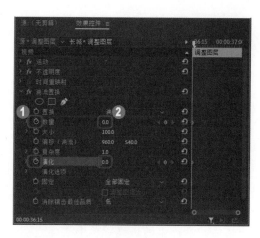

图 4-41

第 3 步 在第 1 个视频结尾处再次设置【数量】和【演化】选项的参数，添加第 2 个关键帧，如图 4-42 所示。

第 4 步 在调整图层的结尾处再次设置【数量】和【演化】选项的参数为 0，添加第 3 个关键帧，如图 4-43 所示。

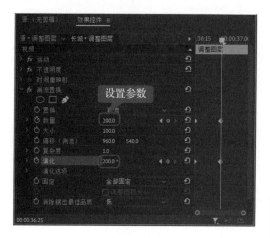

图 4-42

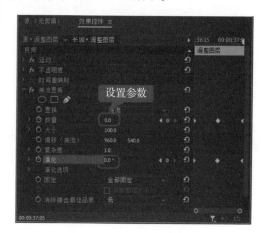

图 4-43

第 5 步 在【节目】监视器面板中查看添加的转场效果，如图 4-44 所示。

图 4-44

4.6 思考与练习

通过本章的学习，读者可以掌握使用视频过渡效果的基本知识以及一些常见的操作方法，在本节中将针对本章知识点，进行相关知识测试，以达到巩固与提高的目的。

一、填空题

1. 视频过渡是指两个场景（即两段素材）之间，采用一定技巧，如溶解、划像、卷页等，实现场景或情节之间的_____，从而起到丰富画面，吸引观众的作用。

2. 如果用户感觉当前应用的视频过渡不太合适时，只需在【时间轴】面板中的视频过渡上右击，在弹出的快捷菜单中选择_____命令，即可清除相应的视频过渡效果。

3. 在【效果控件】面板中，【对齐】选项用于控制视频过渡效果的切割对齐方式，分为【中心切入】、_____、【终点切入】及_____ 4种。

二、选择题

1. 图像B以盒子形状从图像的中心划开，盒子形状逐渐增大，直至充满整个画面并全部覆盖住图像A，描述的是（　　）视频过渡效果。

    A．Iris Box　　　　　　　　B．Iris Cross

    C．Iris Diamond　　　　　　D．Iris Round

2. Dissolve视频过渡效果组主要是以淡化、渗透等方式产生过渡效果，以下（　　）视频过渡效果不属于Dissolve视频过渡效果组。

    A．Addictive Dissolve　　　　B．Non- Addictive Dissolve

    C．Film Dissolve　　　　　　D．Iris Round

3. Page Peel视频过渡效果组主要是使图像A以各种卷叶的动作形式消失，最终显示出图像B，以下（　　）视频过渡效果属于Page Peel视频过渡效果组。

    A．Band Wipe　　　　　　　B．Cross Zoom

    C．Page Turn　　　　　　　　D．Center Split

三、简答题

1. 如何设置视频过渡效果的持续时间？

2. 如何设置过渡效果实现的方向？

第5章

视频字幕与图形设计

本章要点

- 创建标题字幕
- 设置字幕外观效果
- 绘制与编辑图形

本章主要内容

本章主要介绍了创建标题字幕、设置字幕外观效果和绘制与编辑图形方面的知识与技巧，在本章的最后还针对实际的工作需求，讲解了制作扫光字幕效果的方法。通过对本章内容的学习，读者可以掌握视频字幕与图形设计方面的知识，为深入学习Premiere Pro 2022知识奠定基础。

5.1 创建标题字幕

在影视节目中，字幕是必不可少的。字幕可以帮助影片更完整地展现相关信息内容，起到解释画面、补充内容等作用。此外，在各式各样的广告中，精美的字幕不仅能够起到为影片增光添彩的作用，还能够快速、直接地向观众传达信息。

5.1.1 认识字幕工作区

在 Premiere Pro 2022 中，所有字幕都是在字幕工作区域内创建完成的。在该工作区域中，不仅可以创建和编辑静态字幕，还可以制作出各种动态的字幕效果。下面介绍打开字幕工作区并创建字幕的方法。

操作步骤   Step by Step

第 1 步 ❶ 单击【文件】菜单，❷选择【新建】命令，❸在子菜单中选择【旧版标题】命令，如图 5-1 所示。

第 2 步 弹出【新建字幕】对话框，保持默认设置，单击【确定】按钮，如图 5-2 所示。

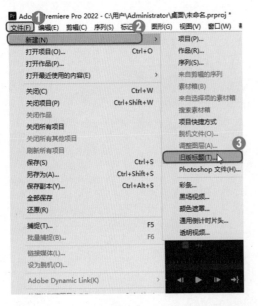

图 5-1

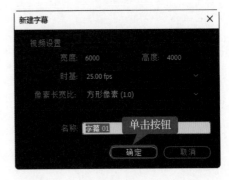

图 5-2

第 3 步 打开字幕工作区，使用文字工具在显示素材画面的区域上单击定位光标，输入字幕内容，并在【旧版标题属性】面板中设置字体和大小，如图 5-3 所示。

图 5-3

字幕工作区里有【字幕】面板、【字幕工具】面板、【字幕动作】面板、【旧版标题样式】
面板、【旧版标题属性】面板等。下面详细介绍各个面板的功能。

1. 【字幕】面板

【字幕】面板是创建、编辑字幕的主要工作场所，用户不仅可以在该面板中直观地了解
字幕应用于影片后的效果，还可以直接对其进行修改。【字幕】面板分为属性栏和编辑窗
口两部分，其中编辑窗口是创建和编辑字幕的区域，而属性栏内则含有【字体系列】、【字
体样式】等字幕对象的常见属性设置项，以便快速调整字幕对象，从而提高创建及修改字幕
时的工作效率，如图 5-4 所示。

2. 【字幕工具】面板

【字幕工具】面板内放置着制作和编辑字幕时所要用到的工具。利用这些工具，用户不
仅可以在字幕内加入文本，还可以绘制简单的集合图形，如图 5-5 所示。

【字幕工具】面板中的各按钮用法介绍如下。

- 【选择工具】按钮 ▶：利用该工具，只需在【字幕】面板内单击文本或图形，即可
  选择这些对象。选中对象后，所选对象的周围将会出现多个角点，按住 Shift 键还可
  以选择多个对象。
- 【旋转工具】按钮 ↺：用于对文本进行旋转操作。
- 【文字工具】按钮 Ｔ：该工具用于输入水平方向上的文字。
- 【垂直文字工具】按钮 ⅠＴ：该工具用于在垂直方向上输入文字。
- 【区域文字工具】按钮 ▦：可用于在水平方向上输入多行文字。
- 【垂直区域文字工具】按钮 ▦：可在垂直方向上输入多行文字。
- 【路径文字工具】按钮 ↘：可沿弯曲的路径输入垂直于路径的文本。
- 【钢笔工具】按钮 ✎：用于创建和调整路径。此外，还可以通过调整路径的形状而

影响由【路径文字工具】和【垂直路径文字工具】按钮所创建的路径文字。

- 【添加锚点工具】按钮：可以增加路径上的节点，常与【钢笔工具】按钮结合使用。路径上的节点数量越多，用户对路径的控制也就越为灵活，路径所能够呈现出的形状也就越复杂。

- 【删除锚点工具】按钮：可以减少路径上的节点，也常与【钢笔工具】按钮结合使用。当使用【删除锚点工具】按钮将路径上的所有节点删除后，该路径对象也会随之消失。

- 【转换锚点工具】按钮：路径内每个节点都包含两个控制柄，而【转换锚点工具】按钮的作用就是通过调整节点上的控制柄，达到调整路径形状的作用。

- 【矩形工具】按钮：用于绘制矩形图形，配合 Shift 键使用时可以绘制正方形。

- 【圆角矩形工具】按钮：用于绘制圆角矩形，配合 Shift 键使用时可以绘制出长宽相等的圆角矩形。

- 【切角矩形工具】按钮：用于绘制八边形，配合 Shift 键使用时可以绘制出正八边形。

- 【圆角矩形工具】按钮：该工具用于绘制类似于胶囊的图形，所绘制的图形与上一个【圆角矩形工具】按钮绘制出的图形的差别在于：此圆角矩形只有两条直线边，上一个圆角矩形有 4 条直线边。

- 【楔形工具】按钮：用于绘制不同样式的三角形。

- 【弧形工具】按钮：用于绘制封闭的弧形对象。

- 【椭圆工具】按钮：该工具用于绘制椭圆形。

- 【直线工具】按钮：用于绘制直线。

3. 【字幕动作】面板

- 【字幕动作】面板内的工具在【字幕】面板的编辑窗口对齐或排列所选对象时使用，如图 5-6 所示，其中的各按钮用法介绍如下。

图 5-4 图 5-5 图 5-6

- 【水平靠左】按钮🔳：所选对象以最左侧对象的左边线为基准进行对齐。
- 【水平居中】按钮🔳：所选对象以中间对象的水平中线为基准进行对齐。
- 【水平靠右】按钮🔳：所选对象以最右侧对象的右边线为基准进行对齐。
- 【垂直靠上】按钮🔳：所选对象以最上方对象的顶边线为基准进行对齐。
- 【垂直居中】按钮🔳：所选对象以中间对象的垂直中线为基准进行对齐。
- 【垂直靠下】按钮🔳：所选对象以最下方对象的底边线为基准进行对齐。
- 【中心水平居中】按钮🔳：在垂直方向上，与视频画面的水平中心保持一致。
- 【中心垂直居中】按钮🔳：在水平方向上，与视频画面的垂直中心保持一致。
- 【分布水平靠左】按钮🔳：以左右两侧对象的左边线为界，使相邻对象左边线的间距保持一致。
- 【分布水平居中】按钮🔳：以左右两侧对象的垂直中心线为界，使相邻对象中心线的间距保持一致。
- 【分布水平靠右】按钮🔳：以左右两侧对象的右边线为界，使相邻对象右边线的间距保持一致。
- 【分布水平等距间隔】按钮🔳：以左右两侧对象为界，使相邻对象的垂直间距保持一致。
- 【分布垂直靠上】按钮🔳：以上下两侧对象的顶边线为界，使相邻对象顶边线的间距保持一致。
- 【分布垂直居中】按钮🔳：以上下两侧对象的水平中心线为界，使相邻对象中心线的间距保持一致。
- 【分布垂直靠下】按钮🔳：以上下两侧对象的底边线为界，使相邻对象底边线的间距保持一致。
- 【分布垂直等距间距】按钮🔳：以上下两侧对象为界，使相邻对象水平间距保持一致。

专家解读

　　至少应选择两个对象后，【对齐】选项组内的工具才会被激活，而【分布】选项组内的工具至少要选择 3 个对象后才会被激活。

4. 【旧版标题样式】面板

　　【字幕样式】面板（旧标题样式）存放着 Premiere 内的各种预置字幕样式。利用这些字幕样式，用户只需创建字幕内容后，即可快速获得各种精美的字幕素材，如图 5-7 所示。

5. 【旧版标题属性】面板

　　在 Premiere Pro 2022 中，所有与字幕内各对象属性相关的选项都放置在【字幕属性】面板中。利用该面板内的各种选项，用户不仅可对字幕的位置、大小、颜色等基本属性进行调整，还可以为其添加描边与阴影效果，如图 5-8 所示。

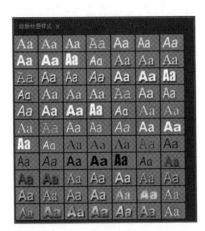

图 5-7

图 5-8

5.1.2 创建路径文本字幕

与水平文本字幕和垂直文本字幕相比，路径文本字幕的特点是能够通过调整路径形状而改变字幕的整体形态，但必须依附于路径才能够存在。下面详细介绍创建路径文本字幕的操作方法。

操作步骤   Step by Step

第1步 单击【路径文字工具】按钮 ✎，单击屏幕内的任意位置后，创建路径的第 1 个节点，在其他位置单击创建第 2 个节点，并通过调整节点上的控制柄来修改路径形状，再创建第 3 个节点，如图 5-9 所示。

第2步 再次单击【路径文字工具】按钮 ✎，在路径上单击鼠标定位光标，使用输入法输入内容，设置字体、大小和颜色，如图 5-10 所示。

图 5-9

图 5-10

第3步 在【旧版标题属性】面板中的【属性】和【填充】选项组内设置字体、大小和颜色，如图 5-11 所示。

图 5-11

5.1.3 设置字幕属性

在 Premiere Pro 2022 软件中的【旧版标题属性】面板中，【属性】选项组内的选项主要用于调整字幕的基本属性，如字体样式、字体大小、字幕间距、字幕行距等。下面将详细介绍设置字幕属性的相关知识。

1. 设置字体类型

【字体系列】选项用于设置字体的类型，用户既可以直接在【字体系列】下拉列表框内输入字体名称，也可以在单击该下拉列表框的下拉按钮后，在弹出的【字体系列】下拉列表中选择合适的字体类型，如图 5-12 所示。

根据字体类型的不同，某些字体拥有多种不同的形态效果，而【字体样式】选项便是用于指定当前所要显示的字体形态，如图 5-13 所示。

2. 设置字体大小

【字体大小】选项用于控制文本的尺寸，如图 5-14 所示。其取值越大，则字体的尺寸就越大；反之，则越小。

3. 设置字幕间距

【字偶间距】选项可以用于调整字幕内字与字之间的距离。其调整效果与【字符间距】选项的调整效果类似，如图 5-15 所示。

4. 设置字幕行距

【行距】选项用于控制文本内行与行之间的距离，如图 5-16 所示。

图 5-12

图 5-13

图 5-14

图 5-15

图 5-16

5.1.4 课堂范例——创建与应用字幕样式

　　字幕样式是 Premiere 预置的字幕方案，作用是帮助用户快速设置字幕属性，获得精美的字幕素材。在字幕工作区中，用户不仅能够应用预设的样式效果，还可以自定义样式。

　　<<扫码获取配套视频课程，本节视频课程播放时长约为 1 分 15 秒。

配套素材路径：配套素材/第5章
素材文件名称：创建与应用字幕样式.prproj

第 1 步 打开"花花世界"项目文件，❶单击【文件】菜单，❷选择【新建】命令，❸在子菜单中选择【旧版标题】命令，如图 5-17 所示。

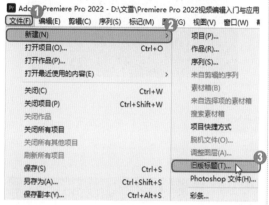

图 5-17

第 3 步 打开字幕工作区，❶使用文字工具输入内容，❷设置【属性】选项组中的【字体大小】选项参数，如图 5-19 所示。

图 5-19

第 5 步 弹出【拾色器】对话框，❶设置 RGB 参数，❷单击【确定】按钮，如图 5-21 所示。

第 2 步 弹出【新建字幕】对话框，保持默认设置，单击【确定】按钮，如图 5-18 所示。

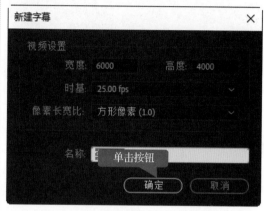

图 5-18

第 4 步 ❶展开【填充】选项组，❷设置【填充类型】为【线性渐变】，颜色区域变为带两个颜色滑块的颜色条，将滑块移至左右两端，❸双击左侧的颜色滑块，如图 5-20 所示。

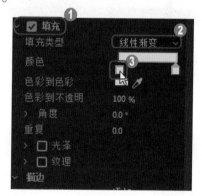

图 5-20

第 6 步 双击右侧的颜色滑块，如图 5-22 所示。

图 5-21

图 5-22

第7步 弹出【拾色器】对话框，❶设置 RGB 参数，❷单击【确定】按钮，如图 5-23 所示。

第8步 设置【角度】选项参数为 45°，最终字幕效果如图 5-24 所示。

图 5-23

图 5-24

第9步 ❶在【旧版标题样式】面板中单击【面板菜单】按钮▤，❷在弹出的下拉菜单中选择【新建样式】命令，如图 5-25 所示。

第10步 可以看到在【旧版标题样式】面板中已经添加了刚刚创建的字幕样式，将鼠标指针移至该样式上会显示样式名称，如图 5-26 所示。

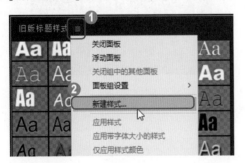

图 5-25

图 5-26

5.2 设置字幕外观效果

在 Premiere Pro 2022 软件中，字幕的创建离不开设置字幕外观效果，只有对字幕颜色进行填充、设置字幕描边、字幕阴影效果等参数之后，才能够获得各种精美的字幕。本节将详细介绍设置字幕外观效果的相关知识及操作方法。

5.2.1 设置字幕颜色填充

完成创建字幕后，通过在【旧版标题属性】面板内选中【填充】复选框，并对该选项内的各项参数进行调整，即可对字幕的填充颜色进行控制。

操作步骤

Step by Step

第 1 步 选中字幕，在【填充】选项组中，❶设置【填充类型】为【实底】，❷单击【颜色】选项右侧的颜色块，如图 5-27 所示。

图 5-27

第 3 步 在屏幕上单击鼠标吸取想要的颜色，如图 5-29 所示。

图 5-29

第 2 步 弹出【拾色器】对话框，单击【吸管】按钮，如图 5-28 所示。

图 5-28

第 4 步 返回【拾色器】对话框，单击【确定】按钮，通过以上步骤即可完成设置字幕填充颜色的操作，如图 5-30 所示。

图 5-30

📝 知识拓展

　　如果不希望填充效果应用于字幕，则可以取消选中【填充】复选框，关闭填充效果，从而使字幕的相应部分成为透明状态。

5.2.2　设置字幕描边效果

　　Premiere Pro 2022 将描边分为内描边和外描边两种类型，内描边的效果是从字幕边缘向内进行扩展，因此会覆盖字幕原有的填充效果；外描边的效果是从字幕文本的边缘向外进行扩展，因此会增大字幕所占据的屏幕范围。

1. 添加外描边

　　展开【描边】选项组，单击【外描边】选项右侧的【添加】按钮，即可为当前所选字幕对象添加默认的黑色描边效果，如图 5-31 所示。

图 5-31

2. 添加内描边

　　展开【描边】选项组，单击【内描边】选项右侧的【添加】按钮，即可为当前所选字幕对象添加默认的黑色描边效果，如图 5-32 所示。

　　在【类型】下拉列表中，Premiere Pro 2022 根据描边方式的不同提供了【边缘】、【深度】和【凹进】3 种不同的选项，如图 5-33 所示。

　　1）【边缘】描边类型

　　【边缘】描边是 Premiere Pro 2022 默认采用的描边方式，对于边缘描边效果来说，其描边宽度可通过【大小】选项进行控制，该选项的取值越大，描边的宽度也就越大，【颜色】选项则用于调整描边的色彩。至于【填充类型】、【不透明度】和【纹理】等选项，作用和控制方法与【填充】选项组内的相应选项完全相同。

图 5-32   图 5-33

2）【深度】描边类型

当采用【深度】描边类型进行描边时，Premiere Pro 2022 中的描边只能出现在字幕的一侧。而且描边的一侧与字幕相连，且描边宽度受到【大小】选项的控制，如图 5-34 所示。

3）【凹进】描边类型

【凹进】描边类型是一种描边位于字幕对象下方，效果类似于投影效果的描边方式，如图 5-35 所示。默认情况下，为字幕添加【凹进】描边时无任何效果。在调整【强度】选项后，凹进描边便会显现出来，并随着【强度】选项参数值的增大而逐渐远离字幕文本。【角度】选项用于控制描边相对于字幕文本的偏离方向。

图 5-34   图 5-35

5.2.3 设置字幕阴影效果

与填充效果相同的是，阴影效果也属于可选效果，用户只有在选中【阴影】复选框后，Premiere Pro 2022 才会为字幕添加阴影。在【阴影】选项组中，各选项的参数及添加阴影后的字幕效果如图 5-36 所示。

图 5-36

在【阴影】选项组中，各选项的含义以及作用如下。

- 【颜色】选项：该选项用于控制阴影的颜色，用户可根据字幕颜色、视频画面的颜色，以及整个影片的色彩基调等多方面进行考虑，从而最终决定字幕阴影的色彩。

- 【不透明度】选项：控制投影的透明程度。在实际应用中，应适当降低该选项的取值，使阴影呈适当的透明状态，从而获得接近于真实情形的阴影效果。

- 【角度】选项：该选项用于控制字幕阴影的投射位置。

- 【距离】选项：用于确定阴影与主题间的距离，其取值越大，两者间的距离越远；反之，则越近。

- 【大小】选项：默认情况下，字幕阴影与字幕主题的大小相同，而该选项的作用就是在原有字幕阴影的基础上，增大阴影的大小。

- 【扩展】选项：该选项用于控制阴影边缘的发散效果，其取值越小，阴影就越锐利，取值越大，阴影就越模糊。

5.2.4　课堂范例——设置字幕背景效果

　　　除了以上介绍的为字幕设置填充、描边和阴影效果外，用户还可以为字幕添加背景。用户可以为字幕背景添加渐变或纯色填充。本范例将介绍为字幕添加背景效果的方法。

　　　　　　　　＜＜扫码获取配套视频课程，本节视频课程播放时长约为44秒。

配套素材路径：配套素材/第5章

素材文件名称：设置字幕背景效果.prproj

第1步 新建项目文件，❶单击【文件】菜单，❷选择【新建】命令，❸在子菜单中选择【旧版标题】命令，如图 5-37 所示。

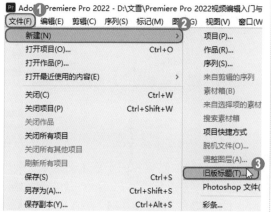

图 5-37

第3步 打开字幕工作区，❶使用文字工具输入内容，❷设置【属性】选项组中的【字体系列】和【字体大小】选项参数，如图 5-39 所示。

图 5-39

第2步 弹出【新建字幕】对话框，保持默认设置，单击【确定】按钮，如图 5-38 所示。

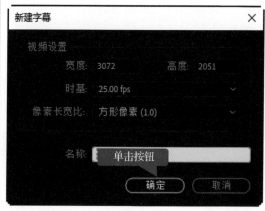

图 5-38

第4步 ❶选中【背景】复选框，❷设置【填充类型】为【径向渐变】，【颜色】区域变为带有两个颜色滑块的颜色条，❸设置左侧的颜色滑块为黑色，右侧的颜色滑块为白色，最终效果如图 5-40 所示。

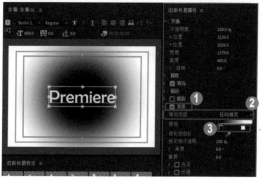

图 5-40

5.3　绘制与编辑图形

在 Premiere Pro 2022 软件中，用户还可以绘制与编辑图形。图形绘制也是 Premiere 视频制作不可或缺的部分，图形可以丰富视频内容，有利于字幕与背景素材的融合。本节将介绍绘制与编辑图形的相关知识。

5.3.1　绘制图形

打开【基本图形】面板，有关图形的所有操作都可以在【基本图形】面板中完成。下面介绍绘制图形的方法。

操作步骤　　　　　　　　　　　　　　　　　　Step by Step

第1步 ❶单击【窗口】菜单，❷选择【基本图形】命令，如图 5-41 所示。

第2步 在界面右侧打开【基本图形】面板，❶切换到【编辑】选项卡，❷单击【新建图层】按钮🔳，❸选择【矩形】选项，如图 5-42 所示。

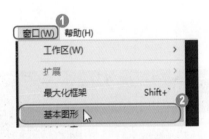

图 5-41

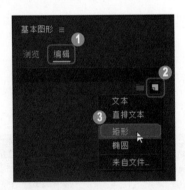

图 5-42

第3步 【节目】面板中显示一个矩形，同时在【时间轴】面板 V2 轨道中添加一个图形素材，如图 5-43 所示。

第4步 ❶将鼠标指针移至矩形四周控制点上，单击并拖动鼠标调整矩形大小，❷在【基本图形】面板中设置【不透明度】为 50%，如图 5-44 所示。

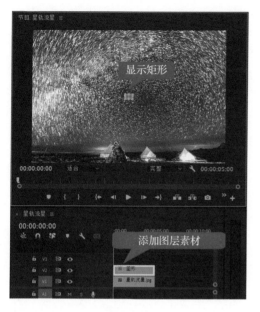

图 5-43

图 5-44

5.3.2 设置图形色彩

绘制完图形后,用户还可以设置图形的填充颜色。下面详细介绍设置图形色彩的操作方法。

操作步骤

第1步 在【节目】面板中选中矩形,在【基本图形】面板的【外观】选项组中单击【填充】颜色块,如图 5-45 所示。

第2步 弹出【拾色器】对话框,❶设置 RGB 参数,❷单击【确定】按钮,如图 5-46 所示。

图 5-45

图 5-46

第 3 步 可以看到矩形的颜色已经改变，如图 5-47 所示。

图 5-47

5.3.3 课堂范例——为图形添加描边和阴影

与字幕一样，用户可以为图形添加描边与阴影效果。打开【基本图形】面板，在【外观】选项组中即可对图形的描边和阴影选项进行详细的设置。

<< 扫码获取配套视频课程，本节视频课程播放时长约为 26 秒。

配套素材路径：配套素材/第5章
素材文件名称：为图形添加描边和阴影.prproj

操作步骤 Step by Step

第 1 步 打开"流星"项目文件，在【节目】面板中选中矩形，❶在【基本图形】面板的【外观】选项组中选中【描边】复选框，❷设置参数，如图 5-48 所示。

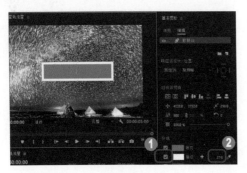

图 5-48

第 2 步 ❶选中【阴影】复选框，❷设置参数，❸单击阴影颜色块，如图 5-49 所示。

图 5-49

第3步 弹出【拾色器】对话框，❶设置 RGB 参数，❷单击【确定】按钮，如图 5-50 所示。

图 5-50

第4步 通过以上步骤即可完成为图形添加描边和阴影的操作，如图 5-51 所示。

图 5-51

5.4 实战课堂——扫光字幕效果

本节将详细介绍制作扫光文字字幕效果的操作方法，主要包括新建项目并导入素材和添加图形蒙版关键帧动画两大部分，最终效果是文字逐字出现并有一道光扫过所有文字。

<< 扫码获取配套视频课程，本节视频课程播放时长约为 2 分 14 秒。

配套素材路径：配套素材/第5章
素材文件名称：扫光字幕效果.prproj

5.4.1 新建项目并导入素材

本小节内容主要是启动 Premiere 软件，新建项目，导入素材，新建文本图层，设置文本内容、字体与大小。

操作步骤 Step by Step

第1步 新建项目文件，双击【项目】面板空白处，打开【导入】对话框，❶选择"摩托车.jpg"素材，❷单击【打开】按钮，如图 5-52 所示。

第2步 素材已经导入【项目】面板中，将其拖入【时间轴】面板，如图 5-53 所示。

图 5-52

图 5-53

第3步 ❶在【基本图形】面板中切换到【编辑】选项卡，❷单击【新建图层】按钮，❸选择【文本】选项，如图 5-54 所示。

第4步 ❶在【节目】面板中出现字幕文本，双击选中输入内容，❷在【基本图形】面板中设置文本字体与大小，如图 5-55 所示。

图 5-54

图 5-55

5.4.2 添加图形蒙版关键帧动画

本小节的内容是复制文本图层，更改文本颜色，为文本添加椭圆形蒙版，为蒙版路径添加关键帧动画。

操作步骤   Step by Step

第1步 在【基本图形】面板的【外观】选项组中单击【填充】颜色块，弹出【拾色器】对话框，❶设置 RGB 数值，❷单击【确定】按钮，如图 5-56 所示。

第2步 在【时间轴】面板中按住 Alt 键单击并拖动 V2 轨道上的文本素材至 V3 轨道中，复制文本，如图 5-57 所示。

图 5-56

第3步 选中 V3 轨道中的素材，在【基本图形】面板的【外观】选项组中单击【填充】颜色块，弹出【拾色器】对话框，❶将字体颜色设置为白色，❷单击【确定】按钮，如图 5-58 所示。

图 5-58

第5步 设置【蒙版羽化】参数，在开始处单击【蒙版路径】选项左侧的【切换动画】按钮，添加第 1 个关键帧，如图 5-60 所示。

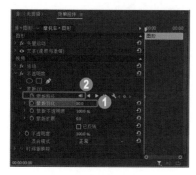

图 5-60

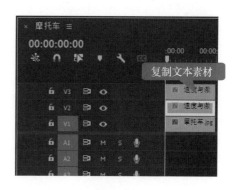

图 5-57

第4步 选中 V3 轨道中的素材，❶在【效果控件】面板的【不透明度】选项组中单击【创建椭圆形蒙版】按钮，在【节目】面板中可以看到添加了一个椭圆形蒙版，❷调整蒙版的大小和位置，使其放置在文本左侧，如图 5-59 所示。

图 5-59

第6步 设置时间为 00:00:02:04，将椭圆形蒙版移至文本右侧，这样即可添加第 2 个关键帧，如图 5-61 所示。

图 5-61

第7步 单击【节目】监视器面板中的【播放 - 停止】按钮，查看效果如图5-62所示。

图 5-62

5.5 思考与练习

通过本章的学习，读者可以掌握视频字幕与图形设计的基本知识以及一些常见的操作方法，在本节中将针对本章的知识点，进行相关知识测试，以达到巩固与提高的目的。

一、填空题

1. 字幕工作区里有【字幕】面板、_____、【字幕动作】面板、_____等面板。

2. 【属性】选项组包括_____、字体大小、字幕间距、字幕行距等选项。

二、选择题

1. 以下不属于字幕外观的设置选项为（　　）。

    A. 【填充】选项   B. 【描边】选项

    C. 【阴影】选项   D. 【字体大小】选项

2. Premiere Pro 2022根据描边方式的不同提供了3种不同的选项，以下不属于描边方式的是（　　）。

    A. 【深度】选项   B. 【斜边】选项

    C. 【边缘】选项   D. 【凹进】选项

三、简答题

如何创建与应用字幕样式？

第6章

使用动画与视频效果

本章要点

- 关键帧动画
- 应用视频效果
- 视频变形效果
- 调整画面质量
- 常用的其他视频效果

本章主要内容

本章主要介绍关键帧动画、应用视频效果、视频变形效果、调整画面质量和常用的其他视频效果方面的知识与技巧，在本章的最后还针对实际的工作需求，讲解制作连续缩放拉镜效果的方法。通过对本章内容的学习，读者可以掌握使用动画和视频效果方面的知识，为深入学习Premiere Pro 2022知识奠定基础。

6.1 关键帧动画

Premiere 中的运动效果大部分都是靠关键帧动画实现的，运动效果是指在原有视频画面的基础上，通过后期制作与合成技术对画面进行的移动、变形和缩放等效果。由于拥有强大的运动效果生成功能，用户只需在 Premiere 中进行少量的关键帧设置，即可使静态的素材画面产生运动效果，为视频画面添加丰富的视觉变化效果。本节将介绍关键帧动画的知识。

6.1.1 创建关键帧

通过【效果控件】面板，不仅可以为影片剪辑添加或删除关键帧，还能够通过对关键帧各项参数的设置，实现素材的自定义运动效果。

在【时间轴】面板中选择素材后，打开【效果控件】面板，此时需在某一视频效果栏内单击属性选项前的【切换动画】按钮，即可开启该属性的切换动画设置。同时，Premiere 会在当前时间指示器所在位置为之前所选的视频效果属性添加关键帧，如图 6-1 所示。

此时，已开启【切换动画】选项的属性栏，【添加/移除关键帧】按钮被激活。如果要添加新的关键帧，只需移动当前时间指示器的位置，然后单击【添加/移除关键帧】按钮即可，如图 6-2 所示。

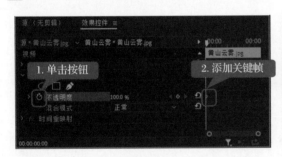

图 6-1　　　　　　　　　　　　　　图 6-2

📝 知识拓展

当视频效果的某一属性栏中包含多个关键帧时，单击【添加/移除关键帧】按钮两侧的【转到上一帧】按钮或【转到下一帧】按钮，即可在多个关键帧之间进行切换。

6.1.2 复制、移动和删除关键帧

使用 Premiere Pro 2022 完成创建关键帧后，用户还可以根据需要对关键帧进行复制、移动和删除等操作，下面将分别予以详细介绍。

1. 复制与粘贴关键帧

在创建运动效果的过程中，如果多个素材中的关键帧具有相同的参数，则可以利用复制和粘贴关键帧的功能来提高操作效率。只要在准备复制的关键帧上右击，在弹出的快捷菜单中选择【复制】命令，如图 6-3 所示。

移动当前时间指示器至合适位置后，在【效果控件】面板内的轨道区域右击，在弹出的快捷菜单中选择【粘贴】命令，即可在当前位置创建一个与之前对象完全相同的关键帧，如图 6-4 所示。

2. 移动关键帧

为素材添加关键帧后，只需在【效果控件】面板内单击并拖动关键帧，即可完成移动关键帧的操作。

3. 删除关键帧

在准备删除的关键帧上右击，在弹出的快捷菜单中选择【清除】命令，即可删除关键帧，如图 6-5 所示。

图 6-3

图 6-4

图 6-5

专家解读

在【效果控件】面板内的轨道区域右击，在弹出的快捷菜单中选择【清除所有关键帧】命令，Premiere Pro 2022 将移除当前素材中的所有关键帧，无论该关键帧是否被选中。

6.1.3 位移动画效果

通过更改视频素材在屏幕画面中的位置，即可快速创建出各种不同的素材运动效果。

在【节目】监视器面板中，双击监视器画面，即可选中屏幕最顶层的视频素材。此时，所选素材上将会出现一个中心控制点，而素材周围也会出现 8 个控制柄，如图 6-6 所示。直接在【节目】监视器面板的画面区域内拖动所选素材，即可调整该素材在屏幕画面中的位置，如图 6-7 所示。

图 6-6 　　　　　　　　　　　　　　　　　　图 6-7

　　如果在移动素材画面之前创建了【位置】关键帧，并对当前时间指示器的位置进行了
调整，那么 Premiere Pro 2022 将在监视器画面上创建一条表示素材画面运动轨迹的路径，如
图 6-8 所示。

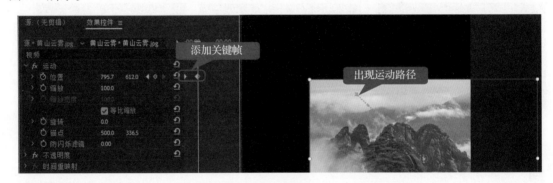

图 6-8

　　默认情况下，新的运动路径全部为直线。在拖动路径端点附近的锚点后，还可以将素材
画面的运动轨迹更改为曲线状态。

6.1.4　防闪烁滤镜

　　视频在显示时，视频中的细线和对立边缘有时会闪烁，【防闪烁滤镜】选项可以减少甚
至消除这种闪烁。在【时间轴】面板中选择素材，在【效果控件】面板中单击展开【运动】
选项，设置【防闪烁滤镜】选项的参数，即可减少素材中的闪烁，如图 6-9 所示。

图 6-9

6.1.5 课堂范例——制作缩放旋转动画

　　除了通过调整素材位置实现的运动效果外，对素材进行旋转和缩放也是较为常见的两种运动效果。下面详细介绍制作缩放与旋转效果的方法。

<< 扫码获取配套视频课程，本节视频课程播放时长约为 1 分 10 秒。

 配套素材路径：配套素材/第6章
素材文件名称：缩放旋转动画.prproj

操作步骤

Step by Step

第 1 步 新建项目文件，双击【项目】面板空白处，打开【导入】对话框，❶选择"网络科技 .mp4"素材，❷单击【打开】按钮，如图 6-10 所示。

第 2 步 将素材导入【项目】面板后，将素材拖入【时间轴】面板中，如图 6-11 所示。

图 6-10

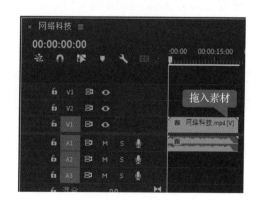

图 6-11

第3步 在素材的开始处，单击【效果控件】面板中【位置】和【旋转】选项左侧的【切换动画】按钮 ，添加第1组关键帧，如图6-12所示。

第4步 在00:00:02:12处，设置【位置】和【旋转】选项参数，添加第2组关键帧，如图6-13所示。

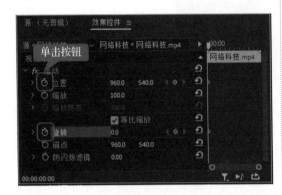

图6-12

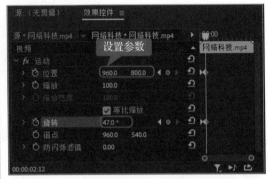

图6-13

第5步 在00:00:05:12处，设置【位置】和【旋转】选项参数，添加第3组关键帧，如图6-14所示。

第6步 在00:00:08:23处，设置【位置】和【旋转】选项参数，添加第4组关键帧，如图6-15所示。

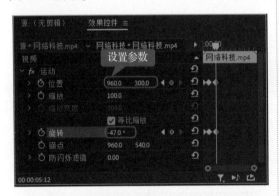

图6-14

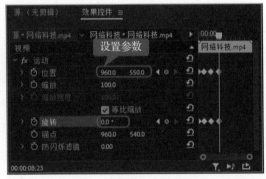

图6-15

6.2 应用视频效果

随着影视节目的制作迈入数字时代，即使是刚刚学习非线性编辑的初学者，也能够在Premiere Pro 2022的帮助下快速完成多种视频效果的应用，Premiere系统自带了许多视频特效，可以制作出丰富的视觉效果。本节将介绍制作视频效果的基本操作方法。

6.2.1 添加视频效果

Premiere Pro 2022 为用户提供了非常多的视频效果，所有效果按照类别被放置在【效果】面板【视频效果】文件夹下的子文件夹中，如图 6-16 所示，方便用户查找。

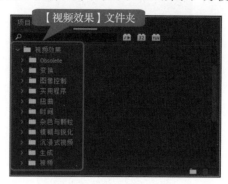

图 6-16

为素材添加视频效果的方法主要有两种：一种是利用【时间轴】面板添加，另一种则是利用【效果控件】面板添加。

1. 通过【时间轴】面板添加

通过【时间轴】面板为视频素材添加视频效果时，只需在【视频效果】文件夹内选择所要添加的视频效果，然后将其拖曳至视频轨道中的相应素材上即可，如图 6-17 所示。

图 6-17

2. 通过【效果控件】面板添加

使用【效果控件】面板为素材添加视频效果，是最为直观的一种添加方式，即使用户为同一段素材添加了多种视频效果，也可以在【效果控件】面板内一目了然地查看效果。

要利用【效果控件】面板添加视频效果，只需在【时间轴】面板中选择素材后，从【效果】面板中单击并拖动视频效果至【效果控件】面板中即可，如图 6-18 所示。

图 6-18

6.2.2 设置视频效果参数

当用户为影片剪辑应用视频效果后，还可对其属性参数进行设置，从而使视频的表现效果更为突出，为用户打造精彩影片提供了更为广阔的创作空间。

在【效果控件】面板内单击视频效果前的【折叠／展开】按钮，即可显示该效果所具有的全部参数，如图 6-19 所示。如果要调整某个属性参数的数值，只需单击参数后的数值，使其进入编辑状态，输入具体数值即可，如图 6-20 所示。

图 6-19

图 6-20

✎ 知识拓展

　　将鼠标光标放置在属性参数值的位置上后，当鼠标光标变成 🖐 形状时，拖动鼠标也可以修改参数值。

6.2.3　编辑视频效果

　　当用户为视频素材添加视频效果后，还可以对视频效果进行一些编辑操作，如删除、复制和隐藏视频效果等，下面将分别予以详细介绍。

1. 删除视频效果

　　当不再需要为视频素材应用视频效果时，可以利用【效果控件】面板将其删除，在【效果控件】面板中的视频效果上右击，在弹出的快捷菜单中选择【清除】命令即可删除效果，如图 6-21 所示。

2. 复制、粘贴视频效果

　　当多个影片剪辑需要使用相同的视频效果时，复制、粘贴视频效果可以减少操作步骤，加快影片剪辑的速度。在【效果控件】面板中的视频效果上右击，在弹出的快捷菜单中选择【复制】命令，然后选择新的素材，在【效果控件】面板的空白区域右击，在弹出的快捷菜单中选择【粘贴】命令即可完成操作，如图 6-22 和图 6-23 所示。

图 6-21

图 6-22

3. 隐藏视频效果

　　在【效果控件】面板中，单击视频效果前的【切换效果开关】按钮 fx，即可隐藏该视频效果，如图 6-24 所示。

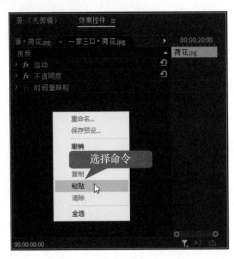

图 6-23

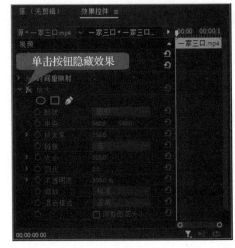

图 6-24

6.2.4 课堂范例——为放大效果添加关键帧

用户可以为放大效果添加位置关键帧，使效果在不同时间放大不同的素材部分，起到强调突出的作用。下面详细介绍为放大效果添加关键帧的方法。

《《 扫码获取配套视频课程，本节视频课程播放时长约为 44 秒。

配套素材路径：配套素材/第6章

素材文件名称：为放大效果添加关键帧.prproj

操作步骤

Step by Step

第1步 打开"一家三口"项目文件，❶在【效果】面板的搜索框中输入"放大"，❷找到准备使用的效果，如图 6-25 所示。

第2步 将【放大】效果拖入【时间轴】面板中的素材上，在素材开始处，在【效果控件】面板的【放大】选项组中，❶单击【中央】选项左侧的【切换动画】按钮 ，添加第 1 个关键帧，❷设置【放大率】、【大小】选项参数，如图 6-26 所示。

图 6-25

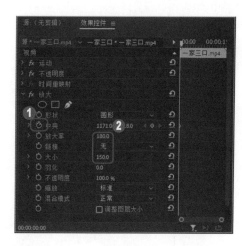

图 6-26

第 3 步 在 00:00:06:14 处，❶设置【中央】选项参数，添加第 2 个关键帧，❷设置【放大率】、【大小】和【羽化】选项参数，如图 6-27 所示。

第 4 步 在 00:00:12:39 处，设置【中央】选项参数，添加第 3 个关键帧，如图 6-28 所示。

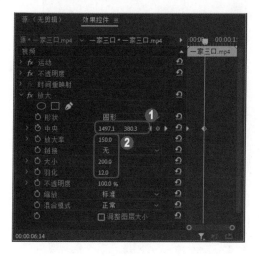

图 6-27

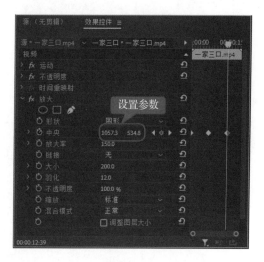

图 6-28

6.3 视频变形效果

在视频拍摄时，视频画面有时是倾斜的，这时可以通过【视频效果】文件夹中的【变换】效果组将视频画面进行校正，或者采用【扭曲】效果组中的效果对视频画面进行变形，从而丰富视频画面效果。本节将详细介绍视频变形效果的相关知识。

6.3.1 变换

【变换】类视频效果可使视频素材的形状产生二维或者三维的变化。该类视频效果有【垂直翻转】、【水平翻转】、【羽化边缘】、【自动重构】和【裁剪】5 种。

1. 【垂直翻转】和【水平翻转】效果

【垂直翻转】视频效果的作用是让影片剪辑的画面呈现一种倒置的效果，如图 6-29 所示。

原素材　　　　　垂直翻转后的素材

图 6-29

【水平翻转】视频效果与【垂直翻转】视频效果相反，可以让影片在水平方向上进行镜像翻转，如图 6-30 所示。

原素材　　　　　水平翻转后的素材

图 6-30

2. 【羽化边缘】效果

【羽化边缘】视频效果用于在画面周围产生像素羽化的效果，如图 6-31 所示。

3. 【自动重构】效果

【自动重构】视频效果用于重构画面的中心位置、显示比例等内容。如图 6-32 所示为素材添加【自动重构】效果并添加关键帧的效果，如图 6-32 所示。

图 6-31

图 6-32

4. 【裁剪】效果

【裁剪】视频效果的作用是对画面进行切割，该视频效果的参数如图 6-33 所示。其中，
【左侧】、【顶部】、【右侧】和【底部】这 4 个选项分别用于控制屏幕画面在左、上、右、
下这 4 个方向上的切割比例，而【缩放】选项用于控制是否将切割后的画面填充至整个屏幕。

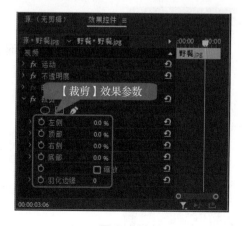

图 6-33

6.3.2　扭曲

应用【扭曲】类视频效果，能够使素材画面产生多种不同的变形效果。【扭曲】类视频效果包括偏移、变形稳定器、放大、旋转扭曲、波形变形、球面化等。本节将重点介绍几个【扭曲】类视频效果。

1.【偏移】视频效果

当素材画面的尺寸大于屏幕尺寸时，使用【偏移】视频效果能够产生虚影效果，如图 6-34 所示。

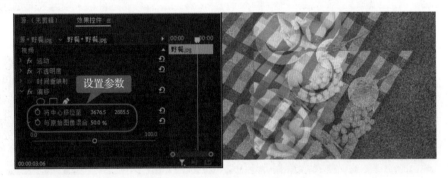

图 6-34

2.【变换】视频效果

【变换】视频效果能够为用户提供一种类似于照相机拍照时的效果，通过调整【锚点】、【缩放高度】、【缩放宽度】等信息，使用户对屏幕画面摆放位置、照相机位置和拍摄参数等多项内容进行设置，如图 6-35 所示。

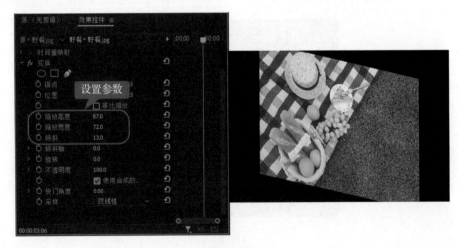

图 6-35

3. 【放大】视频效果

利用【放大】视频效果可以放大显示素材画面中的指定位置，从而模拟人们使用放大镜观察物体的效果，如图 6-36 所示。

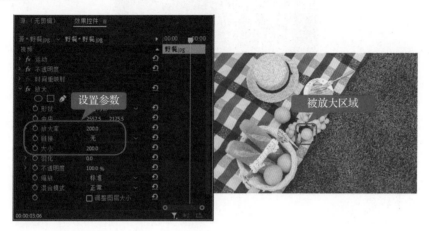

图 6-36

4. 【波形变形】视频效果

【波形变形】视频效果的作用是根据用户给出的参数在一定范围内制作弯曲的波浪效果，如图 6-37 所示。

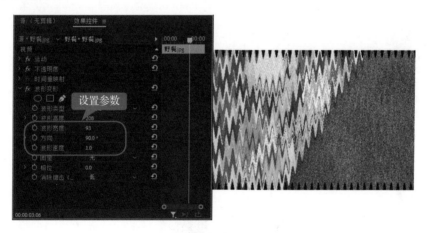

图 6-37

6.3.3 图像控制

【图像控制】组特效主要通过各种方法对图像中的特定颜色进行处理，从而制作出特殊的视觉效果，如图 6-38 所示。

图 6-38

【图像控制】组中各特效的具体用法介绍如下。

Color Pass 视频效果：通过单独改变画面中像素的 RGB 值来调整图像的颜色。

Color Replace 视频效果：通过该视频特效能够将图像中指定的颜色替换为另一种指定颜色，其他颜色保持不变。

Gamma Correction 视频效果：通过调整 Gamma 参数的数值，可以在不改变图像高亮区域的情况下使图像变亮或变暗。

【黑白】视频效果：该视频特效能忽略图像的颜色信息，将彩色图像转换为黑白灰度模式的图像。

6.3.4 课堂范例——制作逐渐黑白效果

用户可以使用视频效果将彩色的视频素材变为黑白，并为其添加关键帧，使其有一个逐渐变化的过程。下面详细介绍制作逐渐黑白效果的方法。

<< 扫码获取配套视频课程，本节视频课程播放时长约为 36 秒。

配套素材路径：配套素材/第6章

素材文件名称：逐渐黑白效果.prproj

操作步骤   Step by Step

第 1 步 打开"背影"项目文件，❶在【效果】面板中的搜索框中输入"颜色"，❷找到准备使用的【Lumetri 颜色】效果，如图 6-39所示。

第 2 步 将【Lumetri 颜色】效果拖入【时间轴】面板中的素材上，❶在 00:00:04:09 处，在【效果控件】面板的【Lumetri 颜色】选项组中，❷单击【基本校正】选项下的【饱和度】选项左侧的【切换动画】按钮❸，添加第 1 个关键帧，如图 6-40 所示。

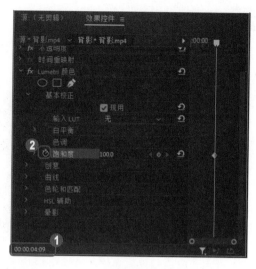

图 6-39

图 6-40

第3步 在素材结尾处，设置【饱和度】选项参数为 0，添加第 2 个关键帧，如图 6-41 所示。

第4步 在【节目】监视器面板中单击【播放 - 停止】按钮查看效果，如图 6-42 所示。

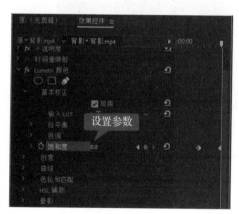

图 6-42

图 6-41

6.4 调整画面质量

使用 DV 拍摄的视频，其画面效果并不是非常理想，视频画面中的模糊、清晰与是否出现杂点等质量问题，可以通过【杂色与颗粒】以及【模糊与锐化】等效果组中的效果来设置。本节将详细介绍调整画面质量的相关知识及操作方法。

6.4.1 杂色与颗粒

【杂色与颗粒】类视频效果主要用于对图像进行柔和处理，去除图像中的噪点，或在图像上添加杂色效果，如图 6-43 所示。

图 6-43

【杂色】视频效果用于在画面上添加模拟的杂点效果；【杂色■】视频效果则是【杂色】视频效果的加速版。两个视频效果的参数控件完全相同，如图 6-44 所示。

图 6-44

6.4.2 模糊与锐化

【模糊与锐化】类视频效果中有些能够使素材画面变得更加朦胧，而有些则能够使画面变得更为清晰。【模糊与锐化】类视频效果中包含了多种不同的效果，下面将对其中几种比较常用的效果进行讲解。

1. 【方向模糊】视频效果

【方向模糊】视频效果能够使画面向指定方向进行模糊处理，使画面产生动态效果。其相关参数设置及效果如图 6-45 所示。

2. 【锐化】视频效果

【锐化】视频效果的作用是增加相邻像素的对比度，从而达到提高画面清晰度的目的。

其相关参数设置及效果如图 6-46 所示。

图 6-45

图 6-46

3. 【高斯模糊】视频效果

【高斯模糊】视频效果能够利用高斯运算法生成模糊效果，使画面中部分区域变现效果更为细腻。其相关参数设置及效果如图 6-47 所示。

图 6-47

6.5 常用的其他视频效果

Premiere Pro 2022 中内置了许多视频效果，在【视频效果】效果组中还包括其他一些效果组，比如过渡效果组、时间效果组、透视效果组、键控效果组、生成效果组以及视频效果组等。本节将详细介绍一些常用视频效果的相关知识。

6.5.1 过渡特效

【过渡】类视频效果主要用于两个影片剪辑之间的切换，包括【块溶解】、【渐变擦除】和【线性擦除】3 种视频效果。下面详细介绍这 3 种视频效果的相关知识。

1. 【块溶解】视频效果

【块溶解】视频效果能够在屏幕画面内随机产生块状区域，从而在不同视频轨中的视频素材重叠部分间实现画面切换。其相关参数设置及效果如图 6-48 所示。

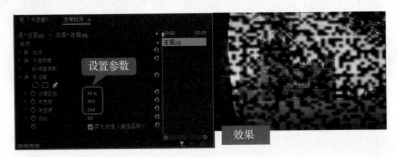

图 6-48

2. 渐变擦除

【渐变擦除】视频效果用于根据两个图层的亮度值建立一个渐变层，在指定层和原图层之间进行渐变切换。其相关参数设置及效果如图 6-49 所示。

图 6-49

3. 线性擦除

应用【线性擦除】视频效果后，用户可以用任意角度擦拭的方式完成画面切换，如图 6-50 所示。在【效果控件】面板中，可以通过调整参数【擦除角度】的数值来设置过渡效果的方向。

图 6-50

6.5.2 时间特效

在【时间】视频效果组中，用户可以设置画面的重影效果，以及视频播放的快慢效果，下面将详细介绍两种常用的时间特效。

1. 【残影】视频效果

【残影】视频效果能够为视频画面添加重影效果，其相关参数设置及效果如图 6-51 所示。

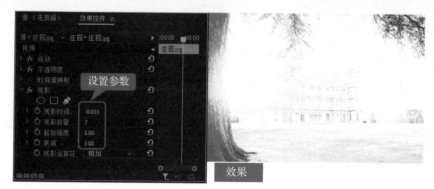

图 6-51

2. 【色调分离时间】视频效果

【色调分离时间】视频效果是比较常用的效果处理手段，一般用于娱乐节目和现场破案等片子当中，可以制作出具有控件停顿感的运动画面。其相关参数设置及效果如图 6-52 所示。

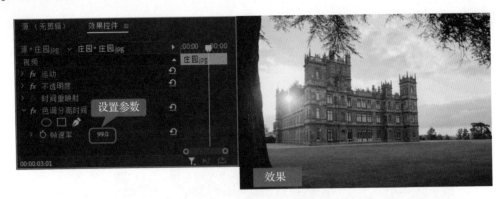

图 6-52

6.5.3 透视特效

【透视】视频特效组包含了【基本 3D】、【投影】两种视频特效，这两种视频特效主要用于制作三维立体效果和空间效果。下面将详细介绍这两种透视特效。

1. 【基本 3D】视频效果

【基本 3D】视频效果用于模拟平面图像在三维空间的运动效果。其相关参数设置及效果如图 6-53 所示。

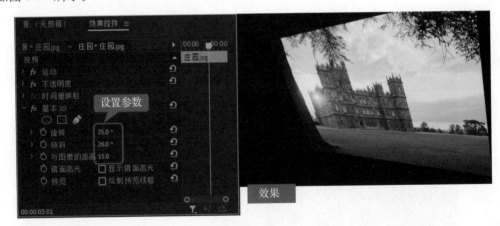

图 6-53

2. 【投影】视频效果

【投影】视频效果用于为素材添加阴影效果，其相关参数设置及效果如图 6-54 所示。

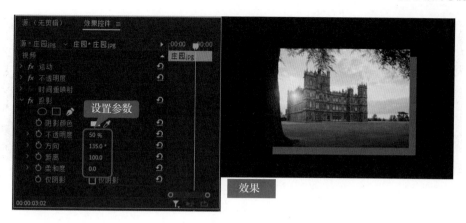

图 6-54

6.5.4 生成特效

【生成】效果组主要是对光和填充色的处理应用，可以使画面看起来具有光感和动感。下面将详细介绍两种常用的生成特效。

1. 【渐变】视频效果

【渐变】视频效果的功能是在素材画面上创建彩色渐变，并使其与原始素材融合在一起。在【效果控件】面板中，用户可对渐变起点、渐变终点、起始颜色、结束颜色和渐变形状等多项内容进行设置，如图 6-55 所示。

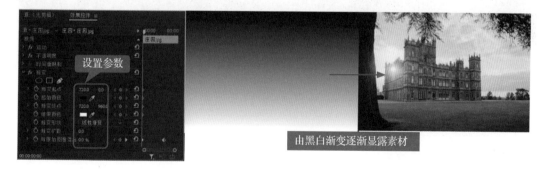

图 6-55

2. 【镜头光晕】视频效果

【镜头光晕】视频效果用于在图像上模拟出相机镜头拍摄的强光折射效果。其相关参数设置及效果如图 6-56 所示。

图 6-56

6.5.5 视频特效

【视频】类效果可以调整素材的颜色、亮度、质感等，实际应用中主要用于修复原始素材的偏色及曝光不足等方面的缺陷。其中包括【SDR 遵从情况】和【简单文本】两个视频效果。

1. 【SDR 遵从情况】视频效果

在素材上添加【剪辑名称】视频效果后，在【节目】监视器面板中播放时，将在画面中显示该素材的剪辑名称。其相关参数设置及效果 6-57 所示。

图 6-57

2. 【简单文本】视频效果

【简单文本】视频效果可以为素材添加简单的文字说明。下面介绍使用【简单文本】视频效果的方法。

操作步骤   Step by Step

第1步 将【简单文本】视频效果拖到【时间轴】面板中的素材上，如图 6-58 所示。

第2步 ❶ 在【效果控件】面板的【简单文本】选项组中设置各选项参数，❷ 单击【编辑文本】按钮，如图 6-59 所示。

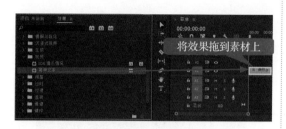

图 6-58

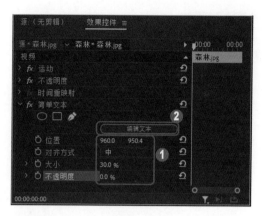

图 6-59

第3步 弹出对话框，❶输入文本内容，
❷单击【确定】按钮，如图 6-60 所示。

第4步 在【节目】监视器面板中查看视频
效果，如图 6-61 所示。

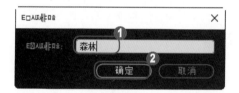

图 6-60

■ 指点迷津

使用【简单文本】视频效果添加的文本
不可以调整字体和颜色，如果想要调整文本
的各种细节属性，还是应该创建字幕。

图 6-61

6.5.6 课堂范例——制作复古像素画效果

早期游戏、绘图等由于机能原因，像素颗粒以肉眼可见的明显大小
呈现在画布上。随着科技的发展，呈现的画越来越清晰，像素颗粒越来
越小，像素画就成为一种特定风格的作画。

<< 扫码获取配套视频课程，本节视频课程播放时长约为 56 秒。

配套素材路径：配套素材/第6章
素材文件名称：复古像素画效果.prproj

操作步骤   Step by Step

第1步 打开"像素文字"项目文件，在【节目】监视器面板中查看效果，如图6-62所示。

第2步 ❶在【效果】面板的搜索框中输入"模糊"，❷找到准备使用的【高斯模糊】效果，如图6-63所示。

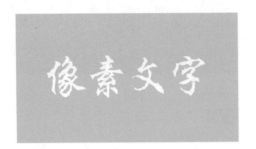

图6-62

图6-63

第3步 将【高斯模糊】效果拖入【时间轴】面板中 V2 轨道上的"像素文字"素材中，在【效果控件】面板的【高斯模糊】选项组中，设置【模糊度】选项参数，如图6-64所示。

第4步 在【效果】面板的搜索框中输入"马赛克"，找到准备使用的【马赛克】效果，如图6-65所示。

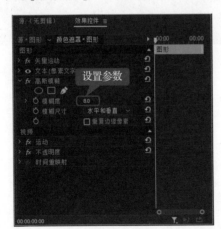

图6-64

图6-65

第5步 将【马赛克】效果拖入【时间轴】面板中 V2 轨道上的"像素文字"素材中，在【效果控件】面板的【马赛克】选项组中，❶设置【水平块】和【垂直块】选项参数，❷选中【锐化颜色】复选框，如图6-66所示。

第6步 在【节目】监视器面板中查看添加的效果，如图6-67所示。

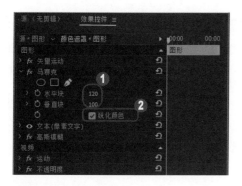

图6-66

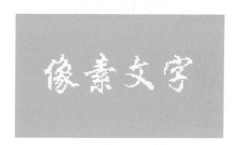

图6-67

第7步 在【效果】面板的搜索框中输入"块溶解",找到准备使用的【块溶解】效果,如图6-68所示。

第8步 将【块溶解】效果拖入【时间轴】面板中V2轨道上的"像素文字"素材中,在【效果控件】面板的【块溶解】选项组中,设置【过渡完成】、【块宽度】和【块高度】选项参数,取消选中【柔化边缘(最佳品质)】复选框,如图6-69所示。

图6-68

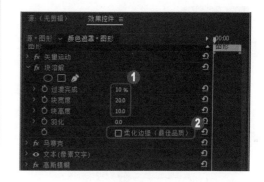

图6-69

第9步 在【节目】监视器面板中查看添加的效果,如图6-70所示。

图6-70

6.6 实战课堂——制作连续缩放拉镜效果

在电视摄影中，摄像机的机位不变，通过摄像机镜头焦距的变化而改变镜头的视角，我们把改变镜头焦距叫作推镜头或拉镜头。

<< 扫码获取配套视频课程，本节视频课程播放时长约为 2 分 17 秒。

配套素材路径：配套素材/第6章

素材文件名称：连续缩放拉镜效果.prproj

6.6.1 新建项目并导入素材

本小节的主要内容有新建项目文件，导入素材，将素材拖入【时间轴】面板中，设置所有素材的持续时间，设置素材大小等。

操作步骤 Step by Step

第1步 新建名为"连续缩放拉镜效果"的项目文件，双击【项目】面板空白处，打开【导入】对话框，❶选中准备导入的素材，❷单击【打开】按钮，如图 6-71 所示。

第2步 素材已经导入【项目】面板中，将其按照名称从小到大的顺序拖入【时间轴】面板中，如图 6-72 所示。

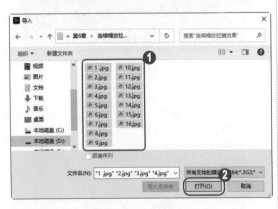

图 6-71

图 6-72

第3步 选中所有素材并右击，在弹出的快捷菜单中选择【速度/持续时间】命令，如图 6-73 所示。

第4步 弹出【剪辑速度/持续时间】对话框，❶设置持续时间，❷单击【确定】按钮，如图 6-74 所示。

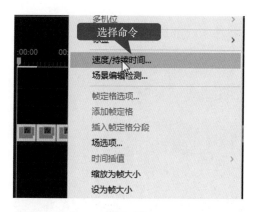

图 6-73

图 6-74

第 5 步 选中除了第 1 个素材之外的所有素材，右击素材，在弹出的快捷菜单中选择【缩放为帧大小】命令，如图 6-75 所示。

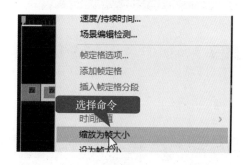

图 6-75

6.6.2 添加关键帧

　　本小节的主要内容有为第 1 个素材添加【不透明度】和【缩放】关键帧，复制关键帧效果给其余素材，移动第 8 至最后一个素材到 V2 轨道。

操作步骤   Step by Step

第 1 步 在【时间轴】面板中选中第 1 个素材，❶在时间开始处，❷在【效果控件】面板中单击【不透明度】选项左侧的【切换动画】按钮，设置参数，创建第 1 个关键帧，如图 6-76 所示。

第 2 步 ❶在 00:00:00:07 处，❷设置【不透明度】选项参数，添加第 2 个关键帧，如图 6-77 所示。

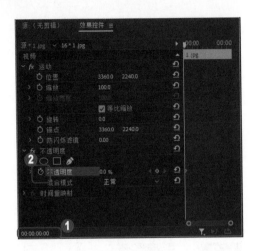

图 6-76

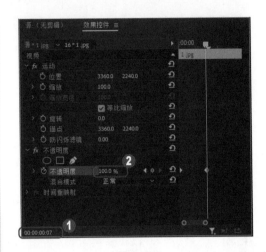

图 6-77

第3步 在 00:00:00:14 处，设置【不透明度】选项参数，添加第 3 个关键帧，如图 6-78 所示。

第4步 在 00:00:00:00 处，在【效果控件】面板中单击【缩放】选项左侧的【切换动画】按钮，设置参数，创建第 1 个关键帧，如图 6-79 所示。

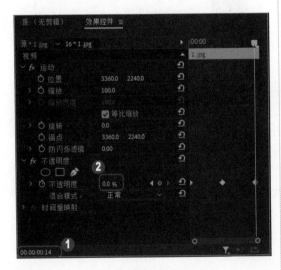

图 6-78

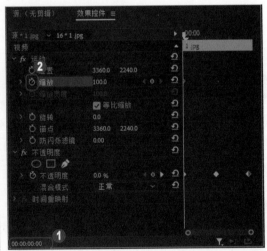

图 6-79

第5步 在 00:00:00:14 处，设置【缩放】选项参数，创建第 2 个关键帧，如图 6-80 所示。

第6步 按住 Ctrl 键在【效果控件】面板中选中【运动】和【不透明度】选项，右击选项，在弹出的快捷菜单中选择【复制】命令，如图 6-81 所示。

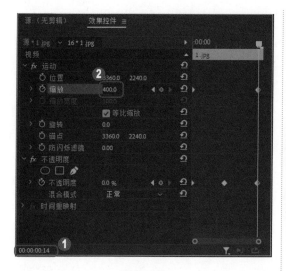

图 6-80

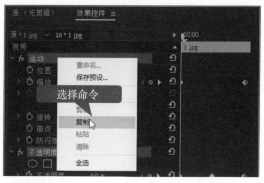

图 6-81

第7步 在【时间轴】面板中选中第 2 个至最后一个素材，按 Ctrl+V 组合键，粘贴第 1 个素材的效果关键帧，可以看到所有素材上都已添加了 fx 标志，表示效果关键帧复制成功，如图 6-82 所示。

第8步 选中第 8 至最后一个素材，将其移至 V2 轨道上 00:00:00:07 处，如图 6-83 所示。

其余素材都已粘贴了第 1 个素材的效果关键帧

图 6-82

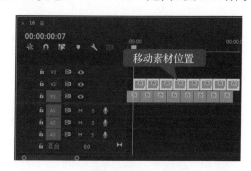

移动素材位置

图 6-83

6.6.3 添加背景音乐

本小节的主要内容有为素材添加背景音乐、裁剪背景音乐。

操作步骤

Step by Step

第1步 双击【项目】面板空白处，打开【导入】对话框，❶选中准备导入的"背景音乐 .wav"素材，❷单击【打开】按钮，如图 6-84 所示。

第2步 将音乐素材导入【项目】面板中，如图 6-85 所示。

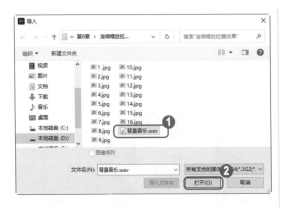

图 6-84

第3步 使用剃刀工具将音乐素材前面没有声音的部分裁剪出来，如图 6-86 所示。

图 6-85

第4步 选中前面的音乐素材，按 Delete 键删除，同时将后部分音乐素材移至开头处，再次使用剃刀工具将音乐与图片素材的持续时间裁剪为一致，即可完成制作连续缩放拉镜效果的操作，如图 6-87 所示。

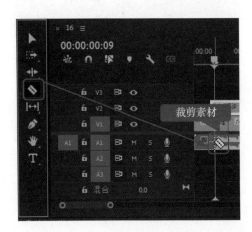

图 6-86

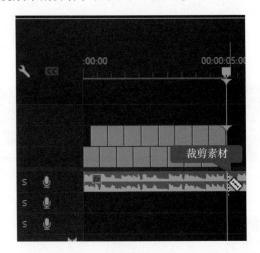

图 6-87

6.7 思考与练习

通过本章的学习，读者可以掌握动画与视频效果的基本知识以及一些常用的操作方法，在本节中将针对本章的知识点进行相关知识测试，以达到巩固与提高的目的。

一、填空题

1. 通过更改视频素材在屏幕画面中的 _____，即可快速创建出各种不同的素材运动效果。

2. 制作影片时，降低素材的 _____ 可以使素材画面呈现半透明效果，从而利于各素材之间的混合处理。

二、选择题

1. 以下不属于【过渡】视频效果组特效的是（　　）。
   A.【块溶解】效果　　　　　　　B.【镜头光晕】效果
   C.【渐变擦除】效果　　　　　　D.【线性擦除】效果

2. 以下不属于【扭曲】视频效果组特效的是（　　）。
   A.【黑白】效果　　　　　　　　B.【变形稳定器】效果
   C.【放大】效果　　　　　　　　D.【波形变形】效果

三、简答题

1. 如何复制关键帧？

2. 如何添加视频效果？

第7章

编辑与制作音频

本章要点

- 添加与编辑音频
- 音轨混合器
- 音频过渡效果与音频效果

本章主要
内容

　　本章主要介绍了添加与编辑音频、音轨混合器和音频过渡效果与音频效果方面的知识与技巧，在本章的最后还针对实际的工作需求，讲解了为诗朗诵配乐的方法。通过对本章内容的学习，读者可以掌握编辑与制作音频方面的知识，为深入学习Premiere Pro 2022知识奠定基础。

7.1 添加与编辑音频

在 Premiere Pro 2022 中可以新建单声道、立体声和 5.1 声道 3 种类型的音频轨道，每一种轨道只能添加相应类型的音频素材。本节将详细介绍添加与编辑音频的相关知识及操作方法。

7.1.1 Premiere 的音频声道

下面将具体介绍单声道、立体声和 5.1 声道的相关知识。

1. 单声道

单声道的音频素材只包含一个音轨，其录制技术是最早问世的音频制式，若使用双声道的扬声器播放单声道音频，两个声道的声音完全相同。

2. 立体声

立体声是在单声道基础上发展起来的，该录音技术至今依然被广泛使用。在用立体声录音技术录制音频时，用左右两个单声道系统，将两个声道的音频信息分别记录，可准确再现声源点的位置以及运动效果，其主要作用是能为声音定位。立体声音素材在【源】监视器面板中的显示效果如图 7-1 所示。

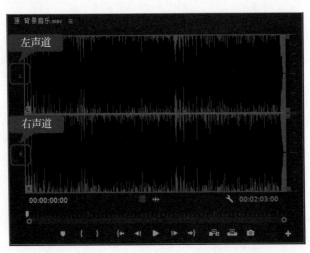

图 7-1

3. 5.1 声道

5.1 声道是指中央声道，前置左、右声道，后置左、右环绕声道，以及所谓的 0.1 声道重低音声道。一套系统总共可连接 6 个喇叭。5.1 声道已广泛运用于各类传统影院和家庭影院中，一些比较知名的声音录制压缩格式，比如杜比 AC-3（Dolby Digital）、DTS 等都是以 5.1 声音系统为技术蓝本的，其中"0.1"声道，则是一个专门设计的超低音声道，这一声道可以产生频响范围 20 ～ 120Hz 的超低音。

7.1.2　添加和删除音频轨道

在 Premiere Pro 2022 中，在【时间轴】面板中添加和删除轨道的方法非常简单，右击音频轨道头的空白处，在弹出的快捷菜单中选择【添加轨道】或【删除轨道】命令即可添加和删除音频轨道，如图 7-2 和图 7-3 所示。

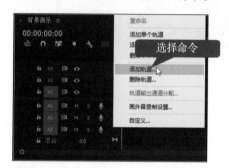
图 7-2

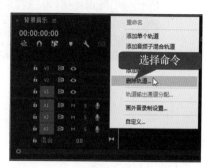
图 7-3

7.1.3　在影片中添加音频

在 Premiere Pro 2022 中，添加音频素材的方法与添加视频素材的方法基本相同，下面将详细介绍两种添加音频的方法。

1. 通过【项目】面板添加音频

在【项目】面板中准备添加的音频素材上右击，在弹出的快捷菜单中选择【插入】命令，即可将音频添加到时间轴上，如图 7-4 所示。

图 7-4

2. 通过鼠标拖曳添加音频

除了使用菜单添加音频之外，用户还可以直接在【项目】面板中单击并拖动准备添加的音频素材到时间轴上，如图 7-5 所示。

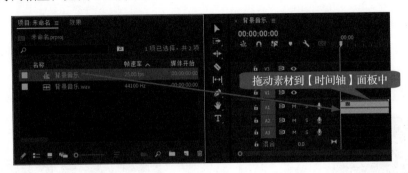

图 7-5

知识拓展

在使用鼠标右键快捷菜单添加音频素材时，需要先在【时间轴】面板上激活要添加素材的音频轨道。被激活的音频轨道将以白色显示。如果在【时间轴】面板中没有激活相应的音频轨道，则右键快捷菜单中的【插入】命令将被禁用。

7.1.4 设置音频播放速度和持续时间

音频素材的播放速度和持续时间与视频素材一样，都可以进行具体设置。下面详细介绍设置音频播放速度和持续时间的方法。

操作步骤   Step by Step

第1步 在【时间轴】面板上右击音频素材，在弹出的快捷菜单中选择【速度/持续时间】命令，如图 7-6 所示。

第2步 弹出【剪辑速度/持续时间】对话框，❶设置【速度】和【持续时间】选项参数，❷单击【确定】按钮，如图 7-7 所示。

图 7-6

图 7-7

第3步 完成设置音频播放速度和持续时间的操作，可以看到由于播放速度变慢，播放时间变长，如图 7-8 所示。

图 7-8

7.1.5 链接音频和视频

编辑好音频素材后，用户可以将音频与视频素材链接在一起，方便以后一起对两个素材进行操作。同时选中视频和音频素材并右击，在弹出的快捷菜单中选择【链接】命令，即可将视频和音频素材链接在一起，链接后的视频素材名称后面会添加 [V]，如图 7-9 和图 7-10 所示。

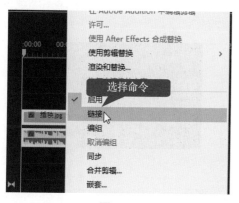

图 7-9

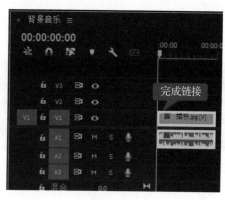

图 7-10

7.1.6 课堂范例——制作抽帧卡点效果

现在比较流行的短视频制作方法是视频画面转换与音频的重音保持在同一帧，即抽帧卡点效果，这样在观众看视频时能给人一种非常流畅顺滑的感觉。

《《扫码获取配套视频课程，本节视频课程播放时长约为 1 分 28 秒。

配套素材路径：配套素材/第7章
素材文件名称：抽帧卡点.prproj

操作步骤

第1步 新建名为"抽帧卡点"的项目文件，双击【项目】面板空白处，打开【导入】对话框，❶选择准备导入的视频和音频素材，❷单击【打开】按钮，如图 7-11 所示。

图 7-11

第3步 单击并选中 A1 轨道中的音频文件，按 Delete 键删除音频，将【项目】面板中的音频素材拖入 A1 轨道中，如图 7-13 所示。

图 7-13

第5步 将鼠标指针移至 A1 和 A2 轨道边缘，鼠标指针变为形状，单击并向下拖动鼠标，使 A1 轨道宽度变大，将当前时间指示器移至音频第 1 个波峰的位置，单击【添加标记】按钮，如图 7-15 所示。

图 7-15

第2步 素材导入到【项目】面板中，将视频素材拖入 V1 轨道，右击素材，在弹出的快捷菜单中选择【取消链接】命令，如图 7-12 所示。

图 7-12

第4步 使用剃刀工具裁剪掉多余的音频，使音频素材与视频素材对齐，如图 7-14 所示。

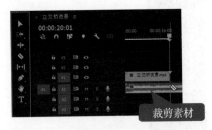

图 7-14

第6步 使用相同方法在后面的波峰位置进行标记，一共标记 6 个点，如图 7-16 所示。

图 7-16

第7步 使用剃刀工具将视频素材任意裁成 6 份，如图 7-17 所示。

图 7-17

第8步 单击并向左拖动第 2 个视频素材，直至出现黑线表明已与标记点对齐，释放鼠标，如图 7-18 所示。

图 7-18

第9步 使用相同方法挪动后面素材的位置进行对齐操作，并将多余的音频使用剃刀工具裁剪掉，如图 7-19 所示。

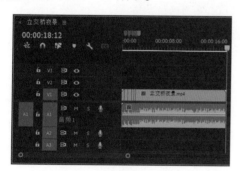

图 7-19

第10步 在【节目】监视器面板中查看卡点效果，如图 7-20 所示。

图 7-20

7.2 音轨混合器

作为专业的影视编辑软件，Premiere Pro 2022 对音频的控制能力是非常出色的，除了可以在多个面板中使用多种方法编辑音频素材外，还为用户提供了专业的音频控制面板。本节将详细介绍音轨混合器和音频剪辑混合器的相关知识及使用方法。

7.2.1 认识【音轨混合器】面板

选择【窗口】|【音轨混合器】命令，即可打开【音轨混合器】面板，用户可在听取音

频轨道和查看视频轨道时调整该面板的设置。每条音频轨道混合器轨道均对应于活动序列时间轴中的某个轨道，并会在音频控制台布局中显示时间轴音频轨道。音轨混合器是 Premiere Pro 2022 为用户制作高质量音频所准备的多功能音频素材处理平台。利用 Premiere Pro 2022 音轨混合器，用户可以在现有音频素材的基础上创建复杂的音频效果。

从【音轨混合器】面板中可以看出，音轨混合器由若干音频轨道控制器和播放控制器组成，而每个轨道控制器内又由对应轨道的控制按钮和音量控制器等控件组成，如图 7-21 所示。

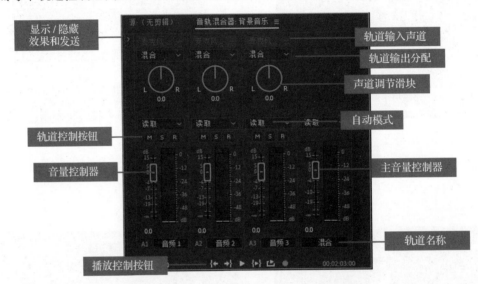

图 7-21

1. 自动模式

在实际应用中，将音频素材添加到时间轴上，在【音轨混合器】面板内单击相应轨道中的【自动模式】下拉按钮，即可选择所要应用的自动模式选项，如图 7-22 所示。

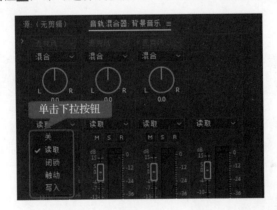

图 7-22

2. 轨道控制按钮

在【音轨混合器】面板中，【静音轨道】按钮 M 、【独奏轨道】按钮 S 、【启用轨道以进行录制】按钮 R 等的作用是在用户预听音频素材时，让指定轨道以完全静音或独奏的方式进行播放，如图 7-23 所示。

3. 声道调节滑块

当调节的音频素材只有左、右两个声道时，声道调节滑块可用来切换音频素材的播放声道。例如，当用户向左拖动声道调节滑块时，相应轨道音频素材的左声道音量将会得到提升，而右声道音量会降低；如果是向右拖动声道调节滑块，则右声道音量得到提升，而左声道音量降低，如图 7-24 和图 7-25 所示。

图 7-23

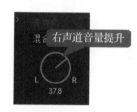

图 7-24

图 7-25

4. 音量控制器

音量控制器的作用是调节相应轨道内音频素材的播放音量，由左侧的 VU 仪表和右侧的音量调节滑杆所组成，根据类型的不同分为主音量控制器和普通音量控制器。其中，普通音量控制器的数量由相应序列内的音频轨道数量所决定，而主音量控制器只有一项。

在用户预览音频素材播放效果时，VU 仪表将会显示音频素材音量大小的变化。此时，利用音量调节滑块即可调整素材的声音大小，向上拖动滑块可增大素材音量，反之则降低素材音量，如图 7-26 和图 7-27 所示。

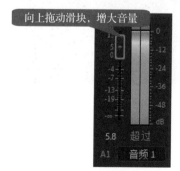

图 7-26

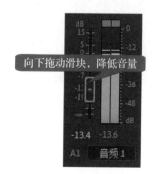

图 7-27

5. 播放控制按钮

播放控制按钮位于【音轨混合器】面板的正下方，其功能是控制音频素材的播放状态。当用户为音频素材设置入点和出点之后，就可以利用各个播放控制按钮对其进行控制，如图 7-28 所示。

图 7-28

各按钮的名称及其作用说明如下。

- 【转到入点】按钮 ：将当前时间指示器移至音频素材的开始位置。
- 【转到出点】按钮 ：将当前时间指示器移至音频素材的结束位置。
- 【播放 / 停止切换】按钮 ：播放音频素材。
- 【从入点播放到出点】按钮 ：播放音频素材入点与出点间的部分。
- 【循环】按钮 ：使音频素材不断进行循环播放。
- 【录制】按钮 ：单击该按钮，即可开始对音频素材进行录制操作。

6. 显示 / 隐藏效果和发送

默认情况下，效果与发送选项被隐藏在【轨道混合器】面板内，用户可以通过单击【显示 / 隐藏效果和发送】按钮 的方式展开该区域，如图 7-29 和图 7-30 所示。

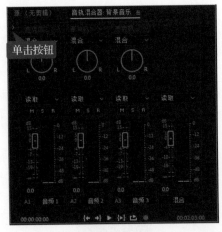

图 7-29

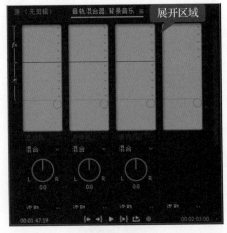

图 7-30

7. 面板菜单

由于【轨道混合器】面板内的控制选项众多，Premiere Pro 2022 特别允许用户通过【轨道混合器】面板菜单自定义【轨道混合器】面板中的功能。用户只需单击面板右上角的【面板菜单】按钮≡，即可显示该面板菜单，如图 7-31 所示。

图 7-31

✒️ **专家解读**

在【音轨混合器】面板中，自动模式控件对音频的调节作用主要分为调节音频素材和调节音频轨道两种方式。当调节对象为音频素材时，音频调节效果仅对当前素材有效，且调节效果会在用户删除素材后一同消失。如果是对音频轨道进行调节，则音频效果将应用于整个音频轨道内，即所有处于该轨道的音频素材都会在调节范围内受到影响。

7.2.2 声音调节和平衡控件

用户还可以在【效果控件】面板中对音频进行精确设置。当选中【时间轴】面板中的音频素材后，在【效果控件】面板中将显示【音量】、【通道音量】和【声像器】3 个选项组，如图 7-32 所示。

1.【音量】选项

【音量】选项组中包括【旁路】与【级别】选项。【旁路】选项用于指定是应用还是绕过合唱效果的关键帧选项；【级别】选项则是用来控制总体音量的高低。

在【级别】选项中，除了能够设置总体音量的高低，还能够为其添加关键帧，从而使音频素材在播放时的音量能够时高时低。

2.【通道音量】选项

【通道音量】选项组中的选项是用来设置音频素材的左右声道的音量，在该选项组中既可以同时设置左右声道的音量，还可以分别设置左右声道的音量。其设置方法与【音量】

选项组中的方法相同。

3.【声像器】

【声像器】选项用来设置音频的立体声声道，创建多个关键帧后，通过拖动关键帧下方相对应的点，并改变点与点之间的弧度，可以控制声音变化的缓急，改变音频轨道中音频的立体声效果，如图 7-33 所示。

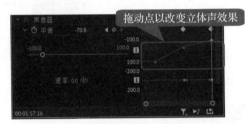

图 7-32   图 7-33

7.2.3 添加与删除效果

为音频素材添加效果的方法与为视频素材添加效果的方法相同，在【时间轴】面板中选中音频素材，在【效果】面板中单击并拖动音频效果至【效果控件】面板中，即可将效果添加到音频素材上，如图 7-34 所示。右击效果选项，在弹出的快捷菜单中选择【清除】命令即可删除音频效果，如图 7-35 所示。

图 7-34   图 7-35

7.2.4 关闭效果

在【效果控件】面板中单击效果选项前面的【切换效果开关】按钮 fx，即可将该效果关闭，此时音频素材没有应用该效果，如图 7-36 所示。

图 7-36

7.2.5 课堂范例——应用【恒定增益】效果

当我们的视频素材比较长，而背景音乐不够长时该怎么办？我们可以复制音频素材，然后给两端素材之间添加【恒定增益】音频过渡效果。

《《扫码获取配套视频课程，本节视频课程播放时长约为 1 分。

配套素材路径： 配套素材/第7章
素材文件名称： 恒定增益.prproj

操作步骤

Step by Step

第1步 新建项目文件，双击【项目】面板空白处，打开【导入】对话框，❶选择素材，❷单击【打开】按钮，如图 7-37 所示。

第2步 将素材导入到【项目】面板中，将视频素材拖入 A1 轨道，使用剃刀工具裁剪素材的结尾部分并删除，如图 7-38 所示。

图 7-37

图 7-38

第3步 按住 Alt 键单击并拖动素材至其他位置，复制素材，继续使用剃刀工具裁剪复制素材的开头部分并删除，如图 7-39 所示。

第4步 将两段素材首尾相连，在【效果】面板的搜索框中输入"恒定增益"，找到【恒定增益】效果，单击并拖动效果至【时间轴】面板中两素材之间，即可完成应用【恒定增益】效果延长音频素材的操作，如图 7-40 所示。

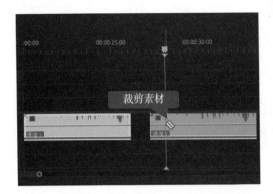

图 7-39

图 7-40

7.3 音频过渡效果与音频效果

作为专业的影视编辑软件，Premiere Pro 2022 对音频的控制能力是非常出色的，除了可以在多个面板中使用多种方法编辑音频素材外，还为用户提供了专业的音频控制面板。本节将详细介绍音轨混合器和音频剪辑混合器的相关知识及使用方法。

7.3.1 音频过渡效果

与视频切换效果相同，音频过渡效果也放在【效果】面板中。在【效果】面板中依次展开【音频过渡】|【交叉淡化】选项后，即可显示 Premiere Pro 2022 内置的 3 种音频过渡效果，如图 7-41 所示。

图 7-41

【交叉淡化】文件夹内的不同音频过渡可以实现不同的音频处理效果，若要为音频素材应用过渡效果，只需先将音频素材添加至【时间轴】面板，将相应的音频过渡效果拖动至音频素材的开始或末尾位置即可，如图 7-42 所示。

默认情况下，所有音频过渡效果的持续时间均为 1 秒。不过，当在【时间轴】面板内选择某个音频过渡时，在【效果控件】面板中可以在【持续时间】右侧选项内设置音频的播放长度，如图 7-43 所示。

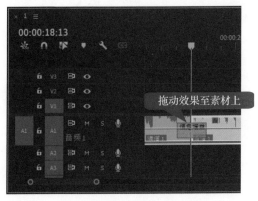

图 7-42

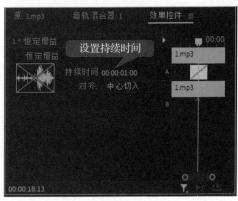

图 7-43

7.3.2 音频效果

在 Premiere Pro 2022 中，声音可以如同视频图像那样被添加各种特效。音频特效不仅可以应用于音频素材，还可以应用于音频轨道。利用提供的这些音频特效，用户可以非常方便地为影片添加混响、延迟、回声等声音特效。

在【效果】面板中单击展开【音频效果】文件夹，即可看到 Premiere Pro 2022 自带的所有音频效果，如图 7-44 所示。

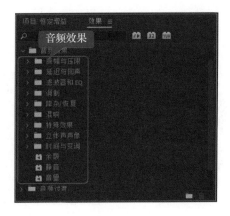

图 7-44

就添加方法来说，添加音频效果的方法与添加视频效果的方法相同，用户既可以通过【时间轴】面板来完成，也可以通过【效果控件】面板来完成。

7.3.3 课堂范例——应用【低通】效果

本范例将制作为苹果入水视频添加音效和背景音乐，并为背景音乐添加入水后的沉闷播放效果，我们只需为背景音乐添加【低通】效果即可实现该效果。

<< 扫码获取配套视频课程，本节视频课程播放时长约为 1 分 17 秒。

配套素材路径：配套素材/第7章
素材文件名称：低通.prproj

操作步骤   Step by Step

第1步 新建项目文件，双击【项目】面板空白处，打开【导入】对话框，❶选择素材，❷单击【打开】按钮，如图 7-45 所示。

第2步 将素材导入到【项目】面板中，如图 7-46 所示。

图 7-45

图 7-46

第3步 将"苹果落水.mp4"素材拖入 V1 轨道，将"入水.mp3"音效拖入 A1 轨道，并放置在 00:00:02:20 处，将"背景音乐.mp3"素材拖入 A2 轨道，如图 7-47 所示。

第4步 使用剃刀工具在 00:00:06:02 处裁剪"背景音乐.mp3"素材，并删除前部分素材，将后部分素材移至开头，如图 7-48 所示。

图 7-47

图 7-48

第 5 步 在【效果】面板的搜索框中输入"低通"，找到准备使用的效果，如图 7-49 所示。

图 7-49

第 7 步 在 00:00:04:17 处设置【切断】选项参数，创建第 2 个关键帧，如图 7-51 所示。

图 7-51

第 6 步 将【低通】效果拖入【时间轴】面板中的"背景音乐 .mp3"素材上，在【效果控件】面板的【低通】选项组中，❶在 00:00:02:20 处，❷单击【切断】选项左侧的【切换动画】按钮，创建第 1 个关键帧，❸设置参数为最大值，如图 7-50 所示。

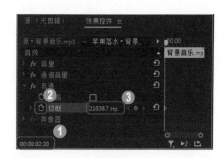

图 7-50

第 8 步 在 00:00:12:08 处设置【切断】选项参数为最大值，创建第 3 个关键帧，即可完成应用【低通】效果的操作，如图 7-52 所示。

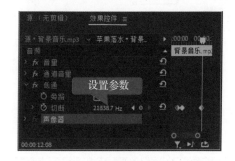

图 7-52

7.4　实战课堂——为诗朗诵配乐

通常情况下背景音乐音量都比较大，会盖过声音素材，此时用户可以利用 Premiere 的【音频】工作模式，为背景音乐设置【回避】效果并生成关键帧，使背景音乐在有人声的时间音量变小，在没有人声的时间音量变大，达到智能调节的效果。

<< 扫码获取配套视频课程，本节视频课程播放时长约为 1 分 04 秒。

配套素材路径：配套素材/第7章

素材文件名称：诗朗诵配乐.prproj

7.4.1 新建项目并导入素材

本小节的主要内容有新建项目文件，导入素材，将素材拖入【时间轴】面板中创建序列，编组素材等。

操作步骤 Step by Step

第1步 新建项目文件，双击【项目】面板空白处，打开【导入】对话框，❶选择素材，❷单击【打开】按钮，如图7-53所示。

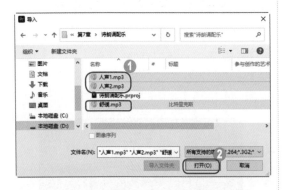

图 7-53

第2步 将"人声1.mp3"素材拖入【时间轴】面板中创建序列，再将"人声2.mp3"素材拖入A1轨道中，两素材之间留有间隙，如图7-54所示。

图 7-54

第3步 将"舒缓.mp3"素材拖入A2轨道，如图7-55所示。

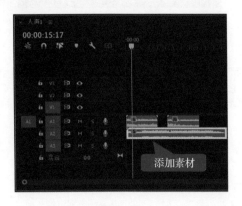

图 7-55

第4步 选中"人声1.mp3"和"人声2.mp3"素材，右击素材，在弹出的快捷菜单中选择【编组】命令，如图7-56所示。

图 7-56

7.4.2 调整背景音乐音量

本小节的主要内容是通过设置【基本声音】面板中的【回避】选项参数，生成关键帧，从而控制背景音乐的音量。

操作步骤

第 1 步 ❶选中 A1 轨道中的素材，❷切换到界面上方的【音频】选项卡，进入音频模式工作界面，❸在【基本声音】面板中单击【对话】按钮，如图 7-57 所示。

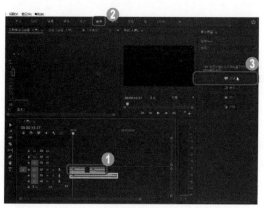

图 7-57

第 3 步 展开【音乐】选项，❶选中【回避】复选框，❷设置【敏感度】、【闪避量】和【淡化】参数，❸单击【生成关键帧】按钮，如图 7-59 所示。

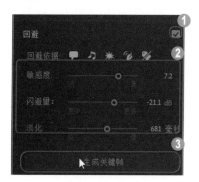

图 7-59

第 2 步 选中 A2 轨道中的素材，在【基本声音】面板中单击【音乐】按钮，如图 7-58 所示。

图 7-58

第 4 步 在【时间轴】面板中可以看到背景音乐已经添加了关键帧，通过以上步骤即可完成为诗朗诵配乐的操作，如图 7-60 所示。

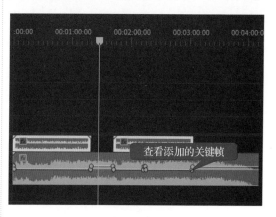

图 7-60

7.5 思考与练习

通过本章的学习，读者可以掌握编辑与制作音频的基本知识以及一些常见的操作方法，在本节中将针对本章知识点进行相关知识测试，以达到巩固与提高的目的。

一、填空题

1. 当选中【时间轴】面板中的音频素材后，在【效果控件】面板中将显示【音量】、【通道音量】和_____三个选项组。

2. 在【项目】面板中准备添加的音频素材上右击，在弹出的快捷菜单中选择_____命令，即可将音频添加到时间轴上。

二、选择题

1. 以下不属于 Premiere Pro 2022 中包括的音频类型的是（　　）。
   A．三声道　　　　　　B．双声道　　　　　　C．单声道　　　　　　D．5.1 声道
2. 以下（　　）模式不是【音轨混合器】面板内的【自动模式】下拉按钮包括的模式。
   A．读取　　　　　　　B．闭锁　　　　　　　C．标记　　　　　　　D．触动

三、简答题

1. 如何链接音频和视频？
2. 如何设置音频的播放速度和持续时间？

第**8**章

调色与抠像

本章要点

- 校正颜色
- 叠加与抠像基础
- 叠加方式抠像
- 使用颜色遮罩抠像

本章主要
内容

本章主要介绍了校正颜色、叠加与抠像基础、叠加方式抠像和使用颜色遮罩抠像方面的知识与技巧，在本章的最后还针对实际的工作需求，讲解了使用【颜色键】制作视频转场的方法。通过对本章内容的学习，读者可以掌握调色与抠像方面的知识，为深入学习Premiere Pro 2022知识奠定基础。

8.1 校正颜色

拍摄得到的视频，其画面会根据拍摄当天的周围情况、光照等自然因素，出现亮度不够、低饱和度或者偏色等问题。颜色校正类效果可以很好地解决此类问题。本节将详细介绍校正颜色的相关知识及操作方法。

8.1.1 调整颜色

快速颜色校正、亮度校正以及三向颜色校正效果是专门针对校正画面偏色的问题，分别从亮度、色相等方面进行校正。下面将详细介绍这 3 种颜色校正效果。

1. 快速颜色校正器

打开【效果】面板，在【视频效果】/【过时】文件夹中，将【快速颜色校正器】效果拖至素材所在的轨道上，如图 8-1 所示。

图 8-1

在【效果控件】面板中即可显示该效果的参数，如图 8-2 所示。

- 【输出】下拉按钮：该下拉列表用于设置输出选项。其中包括合成、亮度两种类型。如果选中【显示拆分视图】复选框，则可以设置为分屏预览效果。
- 【布局】下拉按钮：用于设置分屏预览布局，包含水平和垂直两种预览模式。
- 【拆分视图百分比】选项：该选项用于设置分配比例。
- 【白平衡】选项：该选项用于设置白色平衡，参数越大，画面中的白色就越多。
- 【色相平衡和角度】选项：该调色盘是调整色调平衡和角度的，可以直接使用它来改变画面的色调。
- 【色相角度】选项：该选项用于调整调色盘中的色相角度。
- 【平衡数量级】选项：该选项用于控制引入视频的颜色强度。
- 【平衡增益】选项：该选项用于设置色彩的饱和度。
- 【平衡角度】选项：该选项用于设置白平衡角度。

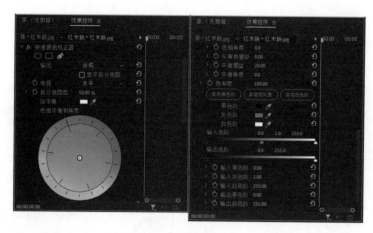

图 8-2

- 【自动黑色阶】、【自动对比度】与【自动白色阶】按钮：分别用于改变素材中的黑白灰程度，也就是素材的暗调、中间调和亮调。用户同样可以通过设置下面的【黑色阶】、【灰色阶】和【白色阶】选项来自定义颜色。
- 【输入色阶】与【输出色阶】选项：分别设置图像中的输入和输出范围，可以拖动滑块改变输入和输出的范围，也可以通过该选项渐变条下方的选项参数值来设置输入和输出范围。其中，滑块与选项参数值相对应，当其中一方设置后，另一方同时更改参数，例如【输入色阶】选项中的黑色滑块对应【输入黑色阶】选项参数。

2. 亮度校正器

【亮度校正器】效果可以调节视频画面的明暗关系。使用上面介绍过的方法将该效果拖至轨道中的素材上，在【效果控件】面板中的效果选项与【快速颜色校正器】效果部分相同。其中【亮度】和【对比度】选项是该效果特有的，如图 8-3 所示。

图 8-3

在【效果控件】面板中，向左拖动【亮度】滑块，可以降低画面亮度；向右拖动滑块，可以提高画面亮度。而向左拖动【对比度】滑块，能够降低画面对比度；向右拖动滑块，能够加强画面对比度，如图 8-4 和图 8-5 所示。

图 8-4

图 8-5

3. 三向颜色校正器

【三向颜色校正器】效果是通过 3 个调色盘来调节不同色相的平衡和角度，图 8-6 所示为该效果选项参数。

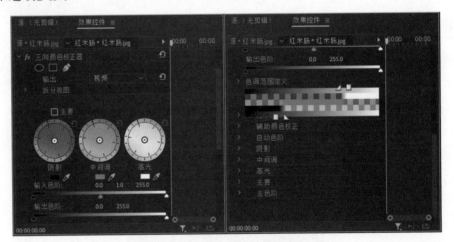

图 8-6

8.1.2　亮度调整

【亮度曲线】效果可以针对 256 个色阶进行亮度或者对比度调整。其调节方法为在【亮度波形】方格中，向上单击并拖动曲线，能够提高画面亮度；向下单击并拖动曲线，能够降低画面亮度，如果同时调节，能够加强画面对比度，如图 8-7 所示。

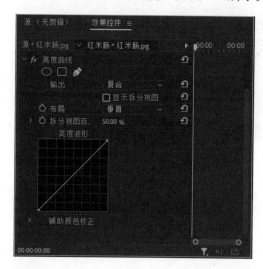

图 8-7

8.1.3 饱和度调整

【颜色平衡（HLS）】效果不仅能够降低饱和度，还能够改变视频画面的色调和亮度，将该效果添加至素材后，直接在【色相】选项右侧单击输入数值，或者调节该选项下方的色调圆盘，从而改变画面色调，如图 8-8 所示。

图 8-8

向左拖动【亮度】选项滑块会降低画面亮度；向右拖动该滑块会提高画面亮度，但是会呈现一层灰色或白色，如图 8-9 所示。

【饱和度】选项用来设置画面饱和度效果。向左拖动该选项滑块能够降低画面饱和度；向右拖动该选项滑块能够增强画面饱和度，如图 8-10 和图 8-11 所示。

图 8-9

图 8-10

图 8-11

8.1.4 复杂颜色调整

使用 Premiere Pro 2022 软件，不仅能校正色调、调整亮度以及饱和度，还可以为视频画面进行更加综合的颜色调整设置，其中包括整体色调的变换和固定颜色的变换。

1. RGB 曲线

【RGB 曲线】效果能够调整素材画面的明暗关系和色彩变化，并且能够平滑调整素材画面内的 256 级灰度，使画面调整效果更加细腻。将该效果添加至素材后，【效果控件】面板中将显示该效果的选项，如图 8-12 所示。

【RGB 曲线】效果与【亮度曲线】效果的调整方法相同，只是后者只能够针对明暗关系进行调整，前者则既能够调整明暗关系，还能够调整画面的色彩关系。

2. 颜色平衡

【颜色平衡】效果能够分别为画面中的高光、中间调以及暗部区域进行红、蓝、绿色调的调整，其设置方法也很简单，只需要将该效果添加到素材后，在【效果控件】面板中拖动相应的滑块，或者直接输入数值，即可改变相应区域的色调效果，如图 8-13 所示。

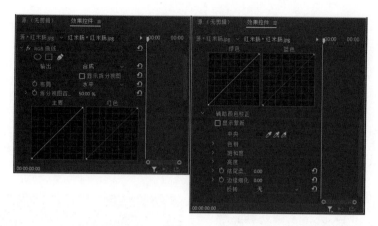

图 8-12

3. 通道混合器

【通道混合器】效果是根据通道颜色调整视频画面的效果，该效果中分别为红色、绿色、蓝色准备了该颜色到其他多种颜色的设置，如图 8-14 所示。

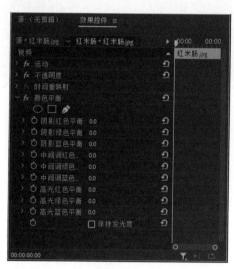

图 8-13

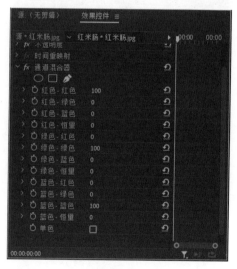

图 8-14

在该效果中，用户还可以通过选中【单色】复选框，将彩色视频画面转换为灰度效果。如果在选中【单色】复选框后，继续设置颜色选项，那么就会改变灰度效果中各个色相的明暗关系，从而改变整幅画面的明暗关系。

4. 更改颜色

如果想要对视频画面中的某个色相或色调进行变换，那么可以通过【更改颜色】效果来实现。【更改颜色】效果不但可以改变某种颜色，而且能够将其转换为任何色相，并且还可以设置该颜色的亮度、饱和度以及匹配容差与匹配柔和度，如图 8-15 所示。

5. 阴影 / 高光

【阴影 / 高光】效果能够基于阴影或高光区域，使其局部相邻像素的亮度提高或降低，从而达到校正由强光而形成剪影画面的目的。

在【效果控件】面板中，展开【阴影 / 高光】选项后，主要通过【阴影数量】和【高光数量】等选项来调整该视频的应用效果，如图 8-16 所示。

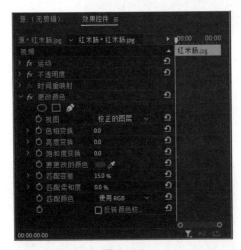
图 8-15

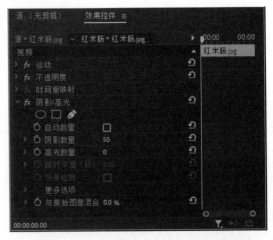
图 8-16

【阴影 / 高光】选项下的主要选项介绍如下。

- 【阴影数量】选项：该选项用于控制画面暗部区域的亮度提高数量，取值越大，暗部变得越亮。
- 【高光数量】选项：该选项用于控制画面亮部区域的亮度降低数量，取值越大，高光区域的亮度越低。
- 【与原始图像混合】选项：该选项用于为处理后的画面设置不透明度，从而将其与原画面叠加后生成最终效果。
- 【更多选项】选项组：该选项组中包括阴影 / 高光色调宽度、阴影 / 高光半径、中间调对比度等各种选项，通过对这些选项的设置，可以改变阴影区域的调整范围。

6. 自动色阶

【自动色阶】效果用于调整画面的颜色，实际应用中主要用于修复素材的偏色问题，也可以通过手动调节参数，制作特殊的画面效果，图 8-17 所示为该效果参数。

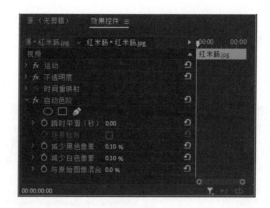

图 8-17

8.2 叠加与抠像基础

抠像作为一门实用且有效的特效手段，被广泛地运用于影视处理的很多领域。它可以使多种影片素材通过剪辑产生完美的画面合成效果。而叠加则是将多个素材混合在一起，从而产生各种特别的效果。两者有着必然的联系，本节将介绍叠加与抠像的相关基础知识。

8.2.1 叠加概述

Premiere Pro 2022 中【视频效果】的【键控】文件夹里提供了多种特效，可以帮助用户实现素材叠加的效果，如图 8-18 所示。

图 8-18

8.2.2 抠像概述

抠像是将画面中的某一颜色进行抠除转换为透明色，是影视制作领域较为常见的技术手段，如果看见演员在绿色或蓝色的背景前表演，但是在影片中看不到这些背景，这就是运用了抠像的技术手段。

在影视制作过程中，背景的颜色不仅仅局限于绿色和蓝色，而是任何与演员服饰、妆容等区分开来的纯色都可以实现该技术，以此实现虚拟演播室的效果，如图 8-19 所示。

图 8-19

抠像的最终目的是将人物与背景进行融合。使用其他背景素材替换原来的绿色背景，也可以再添加一些相应的前景元素，使其与原始图像相互融合，形成二层或多层画面的叠加合成，以实现具有丰富的层次感及神奇的合成视觉艺术效果，如图 8-20 所示。

图 8-20

8.2.3　调节不透明度

在 Premiere Pro 2022 中，操作最为简单、使用最为方便的视频合成方式，就是通过降低顶层视频轨道中的素材透明度，从而显现出底层视频轨道上的素材内容。操作时，只需选择顶层视频轨道中的素材，在【效果控件】面板中直接降低【不透明度】选项的参数值，所选视频素材的画面将会呈现一种半透明状态，从而隐约透出底层视频轨道中的内容，如图 8-21 所示。

图 8-21

8.3 叠加方式抠像

抠像是通过运用虚拟的方式将背景进行特殊透明叠加的一种技术，是影视合成中常用的背景透明方法，它通过去除指定区域的颜色，使其透明来完成和其他素材的合成效果。叠加方式与抠像技术是紧密相连的，叠加类特效主要用于处理抠像效果、对素材进行动态跟踪和叠加各种不同的素材，是影视编辑与制作中常用的视频特效。

8.3.1 Alpha 调整

【视频效果】下的【键控】特效组中的【Alpha 调整】效果的功能，是使用上层图像中的 Alpha 通道来设置遮罩叠加效果。

- 【不透明度】选项：该选项能够控制 Alpha 通道的透明程度，因此在更改其参数值后会直接影响相应图像素材在屏幕画面上的表现效果。
- 【忽略 Alpha】复选框：选中该复选框，序列将会忽略图像素材 Alpha 通道所定义的透明区域，并使用黑色像素填充这些透明区域，如图 8-22 所示。

图 8-22

- 【反转 Alpha】复选框：选中该复选框，会反转 Alpha 通道所定义透明区域的范围，如图 8-23 所示。

图 8-23

- 【仅蒙版】复选框：选中该复选框，则图像素材在屏幕画面中的非透明区域将显示为通道画面，但透明区域不会受此影响，如图 8-24 所示。

图 8-24

8.3.2 亮度键

【亮度键】视频效果用于将生成图像中的灰度像素设置为透明，并且保持色度不变。在【效果控件】面板内通过更改【亮度键】选项组中的【阈值】和【屏蔽度】选项参数就可以调整应用于素材剪辑后的效果，如图 8-25 和图 8-26 所示。

图 8-25

图 8-26

8.3.3 差值遮罩

【差值遮罩】视频效果的作用是对比两个相似的图像剪辑，并去除两个图像剪辑在屏幕画面上的相似部分，而只留下有差异的图像内容。因此，该视频特效在应用时对素材剪辑的内容要求较为严格，但在某些情况下，能够很轻易地将运动对象从静态背景中抠取出来，其相关参数设置及效果如图 8-27 所示。

图 8-27

在【差值遮罩】视频效果的选项组中，各个选项的作用如下。

- 【视图】下拉按钮：用于确定最终输出于【节目】面板中的画面的内容，共有【最终输出】、【仅限源】和【仅限遮罩】3 个选项。【最终输出】选项用于输出两个素材进行差值匹配后的结果画面；【仅限源】选项用于输出应用该效果的素材画面；【仅限遮罩】选项用于输出差值匹配后产生的遮罩画面。

- 【差值图层】下拉按钮：用于确定与源素材进行差值匹配操作的素材位置，即确定差值匹配素材所在的轨道。

- 【如果图层大小不同】下拉按钮：当源素材与差值匹配素材的尺寸不同时，可通过该选项来确定差值匹配操作将以何种方式展开。

- 【匹配容差】选项：该选项的取值越大，相类似的匹配就越宽松；其取值越小，相类似的匹配就越严格。

- 【匹配柔和度】选项：该选项会影响差值匹配结果的透明度，其取值越大，差值匹配结果的透明度就越大；反之，则匹配结果的透明度就越小。

- 【差值前模糊】选项：根据该选项取值的不同，Premiere 会在差值匹配操作前对匹配素材进行一定程度的模糊处理。因此，【差值前模糊】选项的取值将直接影响差值匹配的精确程度。

8.3.4 轨道遮罩键

【轨道遮罩键】视频效果使用轨道素材作为遮罩，控制两个轨道中图像的叠加效果，如图 8-28 所示。

文字图形作为视频的轨道遮罩效果

图 8-28

在【轨道遮罩键】视频效果的选项组中，各个选项的作用如下。

- 【遮罩】下拉按钮：用于设置遮罩素材的位置。
- 【合成方式】下拉按钮：用于确定遮罩素材将以怎样的方式来影响目标素材。当设置【合成方式】为【Alpha 遮罩】选项时，Premiere 将利用遮罩素材内的 Alpha 通道来隐藏目标素材；当设置【合成方式】为【亮度遮罩】选项时，Premiere 则会使用遮罩素材本身的视频画面来控制目标素材内容的显示与隐藏。
- 【反向】复选框：用于反转遮罩内的黑、白像素，从而显示原本透明的区域，并隐藏原本能够显示的内容。

8.3.5 课堂范例——使用【油漆桶】效果抠像

【油漆桶】效果也非常适用于抠取一些背景单一的素材，使用方法也比较简单易上手。本案例将详细介绍使用【油漆桶】效果抠取蝴蝶的方法。

<< 扫码获取配套视频课程，本节视频课程播放时长约为 51 秒。

配套素材路径：配套素材/第8章

素材文件名称：油漆桶抠像.prproj

操作步骤

第 1 步 新建项目文件，双击【项目】面板空白处，打开【导入】对话框，❶选择素材，❷单击【打开】按钮，如图 8-29 所示。

第 2 步 将素材导入到【项目】面板中，将"郁金香 .jpg"拖入 V1 轨道，将"蝴蝶 .mov"拖入 V2 轨道，裁剪"蝴蝶 .mov"使其与"郁金香 .jpg"素材持续时间相同，如图 8-30 所示。

图 8-29

图 8-30

第 3 步 ❶在【效果】面板的搜索框中输入"油漆桶"，❷找到【油漆桶】效果，如图 8-31 所示。

第 4 步 将【油漆桶】效果拖至 V2 轨道上的素材中，在【效果控件】面板中设置【油漆桶】选项组中的【混合模式】、【反转填充】、【描边】、【扩展半径】的参数，如图 8-32 所示。

图 8-31

图 8-32

第 5 步 蝴蝶周围的绿色已被抠除，效果对比如图 8-33 所示。

图 8-33

8.4 使用颜色遮罩抠像

Premiere Pro 2022 最常用的遮罩方式是根据颜色来进行隐藏或显示局部画面。本节将详细介绍使用颜色遮罩抠像的相关知识。

8.4.1 颜色键

【颜色键】视频效果的作用是抠取屏幕画面内的指定色彩，因此多用于屏幕画面内包含大量色调相同或相近色彩的情况，在【主要颜色】选项中单击【吸管工具】按钮，在【节目】面板中吸取准备抠除的颜色即可，其选项面板如图 8-34 所示。

图 8-34

在【颜色键】选项组中，各个选项的作用如下。

- 【主要颜色】选项：用于指定目标素材内所要抠除的色彩。
- 【颜色容差】选项：该选项用于扩展所抠除色彩的范围，根据其选项参数的不同，部分与【主要颜色】选项相似的色彩也将被抠除。
- 【边缘细化】选项：该选项能够在图像色彩抠取结果的基础上，扩大或减小【主要颜色】所设定颜色的抠取范围。

- 【羽化边缘】选项：对抠取后的图像进行边缘羽化操作，其参数取值越大，羽化效果越明显。

【颜色键】视频效果应用前后效果的对比如图 8-35 所示。

图 8-35

8.4.2 超级键

超级键是抠图中最常用的工具，使用方法与【颜色键】类似，使用【吸管工具】 吸取颜色并调整效果参数即可。【超级键】效果选项面板如图 8-36 所示。

图 8-36

8.4.3 课堂范例——使用【非红色键】效果抠像

【非红色键】视频效果能够同时去除视频画面内的蓝色和绿色背景，本案例将详细介绍使用【非红色键】效果抠取恐龙的方法。

＜＜扫码获取配套视频课程，本节视频课程播放时长约为 44 秒。

📁 **配套素材路径：** 配套素材/第8章
⬇ **素材文件名称：** 非红色键抠像.prproj

操作步骤

第1步 新建项目文件，双击【项目】面板空白处，打开【导入】对话框，❶选择素材，❷单击【打开】按钮，如图8-37所示。

第2步 将素材导入到【项目】面板中，将"雨林.mp4"拖入V1轨道，将"恐龙.mp4"拖入V2轨道，裁剪"恐龙.mp4"使其与"雨林.mp4"素材持续时间相同，如图8-38所示。

图8-37

图8-38

第3步 在【效果】面板的搜索框中输入"非红色键"，找到【非红色键】效果，如图8-39所示。

第4步 将【非红色键】效果拖至V2轨道上的素材中，在【效果控件】面板中设置【非红色键】选项组中的【去边】为【绿色】，【平滑】为【高】，如图8-40所示。

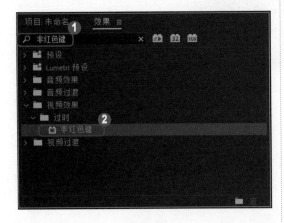

图8-39

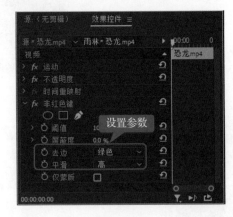

图8-40

第5步 恐龙周围的绿色已被抠除，效果对比如图 8-41 所示。

原图

效果图

图 8-41

8.5 实战课堂——使用【颜色键】制作视频转场

本节主要利用【颜色键】视频效果为 3 段视频添加转场，使 3 段不同的视频在过渡衔接上变得自然，风格上给人一种酷炫神秘的感觉。

《《 扫码获取配套视频课程，本节视频课程播放时长约为 2 分 50 秒。

配套素材路径：配套素材/第8章

素材文件名称：颜色键视频转场.prproj

8.5.1 创建项目与导入素材

本小节的主要内容有新建项目文件，导入素材，将素材拖入【时间轴】面板中创建序列，设置持续时间，将视频素材原有的背景音乐删除等。

操作步骤

Step by Step

第1步 新建项目文件，双击【项目】面板空白处，打开【导入】对话框，❶选择素材，❷单击【打开】按钮，如图 8-42 所示。

第2步 将"佛像 .mp4"素材拖入【时间轴】面板中创建序列，并将其移至 V3 轨道中，再将"枯树 .mp4"素材拖入 V2 轨道中，将"火焰 .mp4"素材拖入 V1 轨道中，设置持续时间都为 12 秒，每 2 段素材的重叠部分为 5 秒，如图 8-43 所示。

图 8-42

图 8-43

第3步 选中所有素材并右击素材，在弹出的快捷菜单中选择【取消链接】命令，如图 8-44 所示。

第4步 选中所有音频素材，按 Delete 键删除，只保留视频素材，如图 8-45 所示。

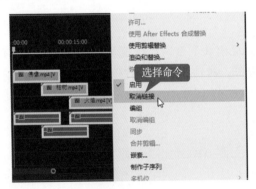

图 8-44

图 8-45

8.5.2 添加效果并设置关键帧

本小节的主要内容有裁剪素材，为素材添加效果，在【效果控件】面板中设置参数并添加关键帧动画等。

操作步骤   Step by Step

第1步 使用【剃刀工具】在第 1 段素材和第 2 段素材重叠部分的开始处进行裁剪，如图 8-46 所示。

第2步 在【效果】面板的搜索框中输入"颜色键"，找到【颜色键】效果，如图 8-47 所示。

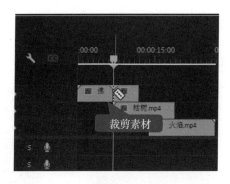

图 8-46

第 3 步 将【颜色键】效果拖入 V3 轨道中的第 2 段素材上，如图 8-48 所示。

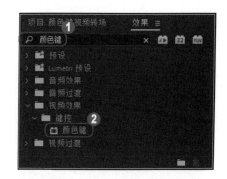

图 8-47

第 4 步 在【效果控件】面板中的【颜色键】选项组中单击【吸管工具】按钮，在【节目】面板中单击素材背景部分吸取颜色，如图 8-49 所示。

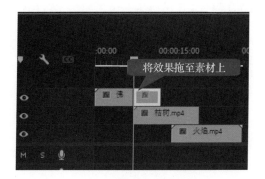

图 8-48

图 8-49

第 5 步 在素材开始处单击【颜色容差】选项左侧的【切换动画】按钮 ，创建第 1 个关键帧，如图 8-50 所示。

第 6 步 在 00:00:09:04 处设置【颜色容差】参数，创建第 2 个关键帧，如图 8-51 所示。

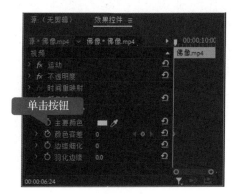

图 8-50

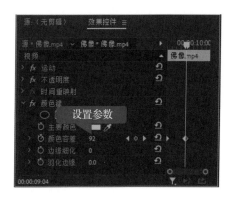

图 8-51

第7步 在 00:00:11:00 处设置【颜色容差】参数，创建第 3 个关键帧，如图 8-52 所示。

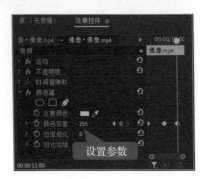

图 8-52

第9步 将【颜色键】效果拖入 V2 轨道中的第 2 段素材上，如图 8-54 所示。

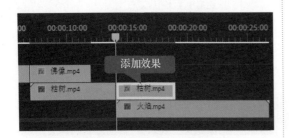

图 8-54

第11步 在素材开始处单击【颜色容差】选项左侧的【切换动画】按钮，创建第 1 个关键帧，如图 8-56 所示。

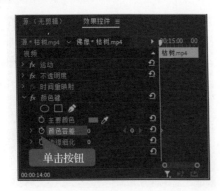

图 8-56

第8步 使用【剃刀工具】在第 2 段素材和第 3 段素材重叠部分的开始处进行裁剪，如图 8-53 所示。

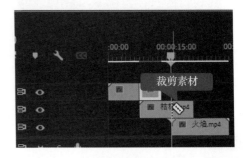

图 8-53

第10步 使用【吸管工具】在【节目】面板中单击素材背景部分吸取颜色，如图 8-55 所示。

图 8-55

第12步 在 00:00:16:14 处设置【颜色容差】参数，创建第 2 个关键帧，如图 8-57 所示。

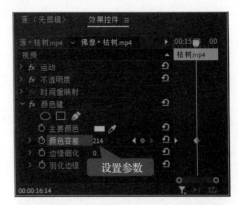

图 8-57

第 13 步 在 00:00:18:17 处设置【颜色容差】
参数，创建第 3 个关键帧，如图 8-58 所示。

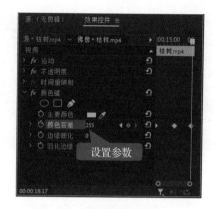

图 8-58

8.5.3 添加背景音乐

视频素材处理完成后，即可为其添加背景音乐。本小节的主要内容有导入音频素材，将
音频素材拖入 A1 轨道中，裁剪音频素材与视频素材持续时间相同等。

操作步骤

第 1 步 双击【项目】面板空白处，打开【导
入】对话框，❶选择素材，❷单击【打开】按
钮，如图 8-59 所示。

第 2 步 将"转场音乐 .wav"素材拖入【时
间轴】面板的 A1 轨道中，如图 8-60 所示。

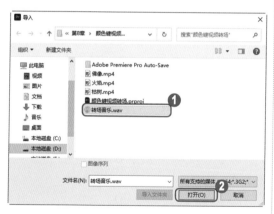

图 8-59

图 8-60

第 3 步 使用【剃刀工具】在视频素材结尾
处进行裁剪，如图 8-61 所示。

第 4 步 选中后一段音频素材，按 Delete 键
进行删除，最终效果如图 8-62 所示。

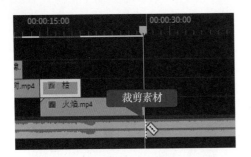

图 8-61

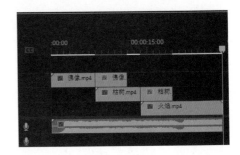

图 8-62

8.6 思考与练习

通过本章的学习，读者可以掌握调色与抠像的基本知识以及一些常见的操作方法，在本节中将针对本章知识点进行相关知识测试，以达到巩固与提高的目的。

一、填空题

1. 快速颜色校正、亮度校正以及三向颜色校正效果是专门 _____ 的问题，分别从亮度、色相等方面进行校正。

2. 【亮度曲线】效果可以针对 _____ 个色阶进行亮度或者对比度调整。

3. 【差值遮罩】视频效果的作用是对比两个相似的图像剪辑，并去除两个图像剪辑在屏幕画面上的 _____ 部分，而只留下有 _____ 的图像内容。

4. _____ 视频效果的作用是抠取屏幕画面内的指定色彩，因此多用于屏幕画面内包含大量色调相同或相近色彩的情况。

二、选择题

1. 以下不属于【Alpha 遮罩】效果选项参数的是（　　）。
   A．忽略 Alpha　　　B．反转 Alpha　　　C．仅蒙版　　　　　　D．阈值

2. 以下不属于【差值遮罩】效果选项参数的是（　　）。
   A．匹配容差　　　　B．匹配柔和度　　　C．差值前模糊　　　　D．屏蔽度

3. 以下不属于【轨道遮罩键】效果选项参数的是（　　）。
   A．遮罩　　　　　　B．主要颜色　　　　C．合成方式　　　　　D．反向

4. 以下不属于【超级键】效果选项参数的是（　　）。
   A．中间点　　　　　B．对比度　　　　　C．羽化边缘　　　　　D．遮罩清除

三、简答题

1. 如何调节图像的不透明度？

2. 如何使用【非红色键】效果抠图？

第**9**章

渲染与输出视频

本章要点

- 输出设置
- 输出媒体文件
- 输出交换文件

本章主要
内容

　　本章主要介绍了输出设置、输出媒体文件和输出交换文件方面的知识与技巧，在本章的最后还针对实际的工作需求，讲解了制作电视机效果并导出视频的方法。通过对本章内容的学习，读者可以掌握渲染与输出视频方面的知识，为深入学习Premiere Pro 2022知识奠定基础。

9.1 输出设置

在完成整个影视项目的编辑操作后，就可以将项目内所用到的各种素材整合在一起输出为一个独立的、可直接播放的视频文件。在进行此类操作之前，还需要对影片输出时的各项参数进行设置，本节将详细介绍输出设置的相关知识及方法。

9.1.1 影片输出的基本流程

影片输出的基本流程非常简单，下面详细介绍影片输出的基本流程。

操作步骤 Step by Step

第1步 选中准备输出的序列，❶单击【文件】菜单，❷选择【导出】命令，❸在子菜单中选择【媒体】命令，如图9-1所示。

第2步 这时弹出【导出设置】对话框，如图9-2所示，在该对话框中用户可以对视频的最终尺寸、文件格式和编辑方式等参数进行设置，单击【导出】按钮即可进行输出。

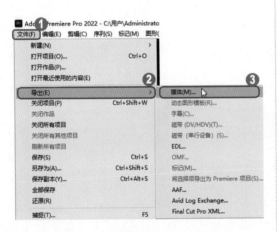

图9-1

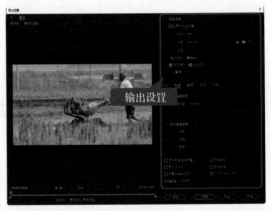

图9-2

【导出设置】对话框的左半部分为视频预览区域，右半部分为参数设置区域。在左半部分的视频预览区域中，用户可以分别在【源】和【输出】选项卡内查看项目的最终编辑画面和最终输出为视频文件后的画面。在视频预览区域的底部，调整滑杆上的滑块可以控制当前画面在整个影片中的位置，而调整滑杆上方的两个三角滑块则能够控制导出时的入点和出点，从而起到控制导出影片持续时间的作用。

📝 **知识拓展**

在【导出设置】对话框中【源】选项卡下，单击【裁剪输出视频】按钮，可以在预览区域内通过拖动锚点，或在【裁剪输出视频】按钮右侧直接调整相应参数，更改画面的输出范围。

9.1.2 影片输出类型

影视编辑工作中需要各种各样格式的文件，在 Premiere Pro 2022 中，支持输出成多种不同类型的文件。下面详细介绍可输出的所有类型。

1. 可输出的视频格式

Premiere Pro 2022 可以输出的主要视频格式包括以下几种。

1）AVI 格式文件

AVI 英文全称为 Audio Video Interleaved，即音频视频交错格式，是将语音和影像同步组合在一起的文件格式。AVI 视频格式对视频文件采用了一种有损压缩方式。尽管画面质量不是太好，但应用范围却非常广泛，可以实现多平台兼容。AVI 文件主要应用在多媒体光盘上，用来保存电视、电影等各种影像信息。

2）QuickTime 格式文件

QuickTime 影片格式即 MOV 格式文件，它是 Apple 公司开发的一种音频、视频文件格式，用于存储常用数字媒体类型。MOV 文件声画质量高，播出效果好，但跨平台性较差，很多播放器都不支持 MOV 格式影片的播放。

3）MPEG4 格式文件

MPEG 是运动图像压缩算法的国际标准，现已被几乎所有计算机平台支持。其中，MPEG4 是一种新的压缩算法，使用该算法可将一部 120 分钟的电影压缩为 300M 左右的视频流，便于输出和网络播出。

4）FLV 格式文件

FLV 格式是 FLASH VIDEO 格式的简称，随着 Flash MX 的退出，Macromedia 公司开发了属于自己的流媒体视频格式——FLV 格式。FLV 流媒体格式是一种新的视频格式，由于它形成的文件极小、加载速度也极快，这就使得网络观看视频文件成为可能。目前国内外主流的视频网站都使用这种格式的视频在线观看。

5）H.264 格式文件

H.264 被称作 AVC（Advanced Video Codec，先进视频编码），是 MPEG4 标准的第 10 部分，用来取代之前 MPEG4 第 2 部分所指定的视频编码，因为 AVC 有着比 MPEG4 第 2 部分强很多的压缩效率。最常见的 MPEG4 的部分编码器有 divx 和 xvid，最常见的 AVC 编码器是 x264。

2. 可输出的音频格式

Premiere Pro 2022 可以输出的主要音频格式包括以下几种。

1）MP3 格式文件

MP3 是一种音频压缩技术，其全称是动态影像专家压缩标准音频层面 3（Moving Picture Experts Group Audio Layer Ⅲ），简称为 MP3，它被设计用来大幅度地降低音频数据量。利用 MPEG Audio Layer 3 的技术，将音乐以 1 ∶ 10 甚至 1 ∶ 12 的压缩率，压缩成容量较小的文件，而对于大多数用户来说重放的音质与最初的不压缩音频相比没有明显的下降。其优点是压缩后占用空间小，适用于移动设备的存储和使用。

2）WAV 格式文件

WAV 波形，是微软和 IBM 公司共同开发的 PC 标准声音格式，文件后缀名为 .wav，是一种通用的音频数据文件。通常使用 WAV 格式用来保存一些没有压缩的音频，也就是经过 PC 编码后的音频，因此也称为波形文件，依照声音的波形进行存储，因此要占用较大的存储空间。

3）AAC 音频格式文件

AAC 的英文全称为 Advanced Audio Coding，中文称为高级音频编码。出现于 1997 年，是基于 MPEG-2 的音频编码技术。由诺基亚和苹果公司共同开发，目的是取代 MP3 格式。2000 年，MPEG-4 标准出现后，AAC 重新集成了其特性，加入了 SBR 技术和 PS 技术。

4）Windows Media 格式文件

WMA 的全称是 Windows Media Audio，是微软力推的一种音频格式。WMA 格式是以减少数据流量但保持音质的方法来达到更高的压缩率目的，其压缩率一般可以达到 1 ∶ 18，生成的文件大小只有相应 MP3 文件的一半。

3. 可输出的图像格式

Premiere Pro 2022 可以输出的主要图像格式包括以下几种。

1）GIF 格式文件

GIF 英文全称为 Graphics Interchange Format，即图像互换格式，GIF 图像文件是以数据块为单位来存储图像的相关信息。该格式的文件数据是一种基于 LZW 算法的连续色调无损压缩格式，是网页中使用最广泛、最普遍的一种图像格式。

2）PNG 格式文件

PNG 英文全称为 Portable Network Graphic Format，中文翻译为可移植网络图形格式，是一种位图文件存储格式。PNG 的设计目的是试图替代 GIF 和 TIFF 文件格式，同时增加一些 GIF 文件格式所不具备的特性。该格式一般应用于 JAVA 程序、网页中，原因是它压缩比高，生成文件体积小。

3）BMP 格式文件

BMP 是 Windows 操作系统中的标准图像文件格式，可以分成两类：设备相关位图和设备无关位图，使用非常广泛。它采用位映射存储格式，除了图像深度可选以外，不采用其他任何压缩，因此 BMP 文件所占用的空间很大。由于 BMP 文件格式是 Windows 环境中交换与图有关数据的一种标准，因此在 Windows 环境中运行的图形图像软件都支持 BMP 图像格式。

4）Targa 格式文件

TGA（Targa）格式是计算机上应用最广泛的图像格式。在兼顾了 BMP 的图像质量的同时又兼顾了 JPEG 的体积优势。该格式自身的特点是通道效果、方向性。在 CG 领域常作为影视动画的序列输出格式，因为兼具体积小和效果清晰的特点。

5）TIFF 格式文件

带标记的图像文件格式（Tagged Image File Format，TIFF）是一种灵活的位图格式，主要用来存储包括照片和艺术图在内的图像，最初由 Aldus 公司与微软公司一起为 PostScript 打印开发。TIFF 图像文件是图形图像处理中常用的格式之一，其图像格式很复杂，但由于它对图像信息的存放灵活多变，可以支持很多色彩系统，而且独立于操作系统，因此得到了广泛应用。

9.1.3 选择视频文件输出格式与输出方案

在完成对导出影片持续时间和画面范围的设定之后，可以在【导出设置】对话框的右半部分调整【格式】选项中确定好导出影片的文件类型，如图 9-3 所示。

根据导出影片格式的不同，用户还可以在【预设】下拉列表框中，选择一种 Premiere Pro 2022 之前设置好参数的预设导出方案，完成后即可在【导出设置】选项组中的【摘要】区域中查看部分导出设置内容，如图 9-4 所示。

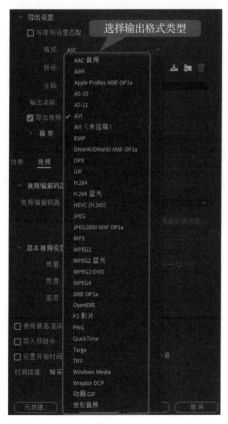

图 9-3

图 9-4

9.1.4　视频设置选项

在【导出设置】对话框的参数设置区域中，【视频】选项卡可以对导出文件的视频属性进行设置，包括视频编解码器、影像质量、影像画面尺寸、视频帧速率、场序、像素长宽比等。选中不同导出文件格式，可设置的选项也不同，用户可以根据实际需要进行设置，或保持默认的选项设置进行输出，如图 9-5 所示。

9.1.5　音频设置选项

在【导出设置】对话框的参数设置区域中，【音频】选项卡中的设置选项可以对导出文件的音频属性进行设置，包括音频编解码器类型、采样率、声道格式等，如图 9-6 所示。

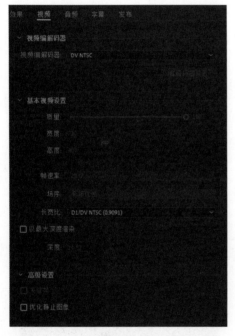

图 9-5

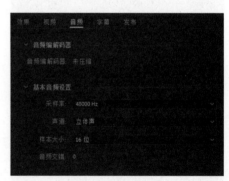

图 9-6

9.2　输出媒体文件

目前，媒体文件的格式众多，输出不同类型媒体文件时的设置方法也不相同。因此，当用户在【导出设置】选项组内选择不同的输出文件后，Premiere Pro 2020 会根据所选文件的不同，调整不同的输出选项，以便用户更为快捷地调整媒体文件的输出设置。本节将详细介绍输出媒体文件的相关知识。

9.2.1　输出 AVI 视频格式文件

如果要将视频编辑项目输出为 AVI 格式的视频文件，则应在【格式】下拉列表中选择 AVI 选项，如图 9-7 所示。此时相应的视频输出设置选项如图 9-8 所示。

图 9-7

图 9-8

在上面所展示的 AVI 文件输出选项中，并不是所有的参数都需要调整。通常情况下，所需调整的部分选项功能和含义如下。

1. 视频编解码器

在输出视频文件时，压缩程序或者编解码器决定了计算机该如何准确地重构或者剔除数据，从而尽可能地缩小数字视频文件的体积。

2. 场序

【场序】选项决定了所创建视频文件在播放时的扫描方式，即采用隔行扫描式的"高场优先""低场优先"，还是采用逐行扫描进行播放的"逐行"。

9.2.2　输出 WMV 文件

在 Premiere Pro 2022 中，如果要输出 WMV 格式的视频文件，首先应将【格式】设置为 Windows Media，如图 9-9 所示。此时其视频输出设置选项如图 9-10 所示。

通常情况下，输出 WMV 格式的视频文件所需调整的部分选项功能和含义如下。

1. 一次编码时的参数设置

一次编码是指在渲染 WMV 时，编解码器只对视频画面进行一次编码分析，优点是速度快，缺点是往往无法获得最为优化的编码设置。当选择一次编码时，【比特率编码】会提供【固定】和【可变品质】两种设置选项供用户选择。其中，【固定】模式是指整部影片从头至尾采用相同的比特率设置，优点是编码方式简单，文件渲染速度较快。【可变品质】

模式则是在渲染视频文件时，允许 Premiere 根据视频画面的内容来随时调整编码比特率。这样一来，就可在画面简单时采用低比特率进行渲染，从而降低视频文件的体积；在画面复杂时采用高比特率进行渲染，从而提高视频文件的画面质量。

图 9-9

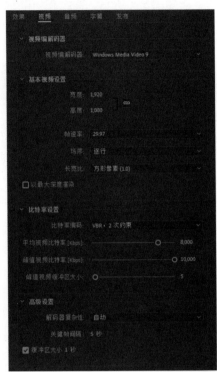

图 9-10

2. 二次编码时的参数设置

与第 1 次编码相比，二次编码的优势在于能够通过第 1 次编码时所采集到的视频信息，在第 2 次编码时调整和优化编码设置，从而以最佳的编码设置来渲染视频文件。在使用二次编码渲染视频文件时，比特率模式将包含【CBR，1次】、【VBR，1次】、【CBR，2次】、【VBR，2次约束】与【VBR，2次无约束】5 种不同模式，如图 9-11 所示。

图 9-11

9.2.3 输出 MPEG 文件

作为业内最为重要的一种视频编码技术，MPEG 为多个领域不同需求的使用者提供了多种样式的编码方式。下面将以目前最为流行的 MPEG4 为例，详细介绍 MPEG 文件的输出设置。

在【导出设置】选项组中，将【格式】设置为 MPEG4，如图 9-12 所示，其视频设置选项如图 9-13 所示。

图 9-12   图 9-13

在图 9-13 所示的选项面板中部分常用选项的功能及含义如下。

1. 长宽比

设定画面尺寸，预置有方形像素（1.0）、D1/DV NTSC（0.9091）、D1/DV NTSC 宽银幕 16：9（1.2121）、D1/DV PAL（1.0940）、D1/DV PAL 宽银幕 16：9（1.4587）、变形 2：1（2.0）、HD 变形 1080（1.333）、DVCPRO HD（1.5）以及自定义共 9 种尺寸供用户选择，如图 9-14 示。

2. 比特率编码

确定比特率的编码方式，有 CBR 和【VBR，1 次】两种模式，如图 9-15 所示。其中，

CBR 指固定比特率编码，VBR 指可变比特率编码方式。此外，根据所采用编码方式的不同，编码时所采用比特率的设置方式也有所差别。

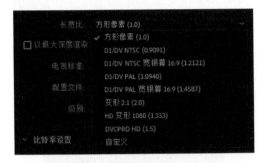

图 9-14　　　　　　　　　　　　　　　图 9-15

3. 目标比特率

目标比特率用于在可变比特率范围内限制比特率的参考基准值。在多数情况下，Premiere Pro 2022 会对该选项所设定的比特率进行编码，如图 9-16 所示。

4. 最大比特率

【最大比特率】选项的作用是设定比特率所采用的最大值，如图 9-17 所示。

图 9-16　　　　　　　　　　　　　　　图 9-17

9.3　输出交换文件

Premiere Pro 2022 在为用户提供强大的视频编辑功能的同时，还具备了输出多种交换文件的功能，以便用户能够方便地将 Premiere 编辑操作的结果导入到其他非线性编辑软件内，从而在多款软件协同编辑后获得高质量的影音播放效果。

9.3.1　输出 EDL 文件

EDL（Edit Decision List）是一种广泛应用于视频编辑领域的编辑交换文件，其作用是记录用户对素材的各种编辑操作。本例详细介绍使用 Premiere 输出 EDL 文件的方法。

操作步骤   Step by Step

第 1 步 ❶ 单击【文件】菜单，❷ 选择【导出】命令，❸ 在子菜单中选择 EDL 命令，如图 9-18 所示。

第 2 步 弹出【EDL 导出设置】对话框，❶ 调整 EDL 所要记录的信息范围，❷ 单击【确定】按钮，如图 9-19 所示。

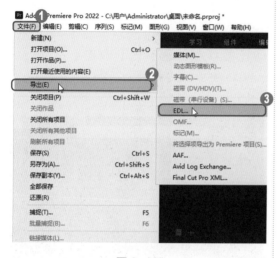

图 9-18

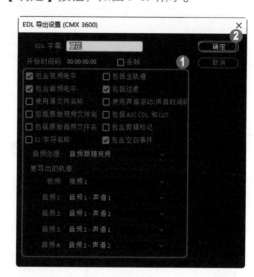

图 9-19

第 3 步 弹出【将序列另存为 EDL】对话框，❶ 选择准备保存文件的位置，❷ 在【文件名】下拉列表框中输入名称，❸ 单击【保存】按钮，如图 9-20 所示。

第 4 步 打开文件所保存到的文件夹，可以看到一个 EDL 文件，这样就完成了使用 Premiere Pro 2022 输出 EDL 文件的操作，如图 9-21 所示。

图 9-20

图 9-21

9.3.2 输出 OMF 文件

OMF 的英文全称为 Open Media Framework，翻译成中文是公开媒体框架，指的是一种要求数字化音频视频工作站把关于同一音段的所有重要资料制成同类格式便于其他系统阅读的文本交换协议。下面详细介绍输出 OMF 文件的操作方法。

操作步骤 *Step by Step*

第1步 ❶单击【文件】菜单，❷选择【导出】命令，❸在子菜单中选择 OMF 命令，如图 9-22 所示。

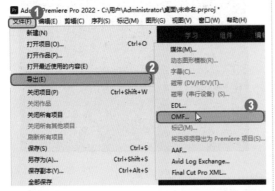

图 9-22

第3步 弹出【将序列另存为 OMF】对话框，❶选择准备保存文件的位置，❷在【文件名】下拉列表框中输入名称，❸单击【保存】按钮，如图 9-24 所示。

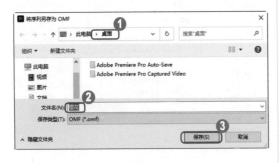

图 9-24

第2步 弹出【OMF 导出设置】对话框，❶设置参数，❷单击【确定】按钮，如图 9-23 所示。

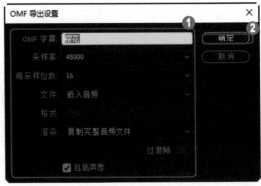

图 9-23

第4步 打开文件所保存到的文件夹，可以看到一个 OMF 文件，如图 9-25 所示。

图 9-25

9.4 实战课堂——制作电视机效果并导出视频

本节将制作将视频放置在电视机屏幕中的效果，并为视频添加球面化、偏移、杂色与黑白等效果，并为偏移效果添加关键帧动画。

《《扫码获取配套视频课程，本节视频课程播放时长约为 4 分 02 秒。

9.4.1 新建项目与导入素材

本小节的主要内容有新建项目文件，导入素材，将素材拖入【时间轴】面板中创建序列，取消音视频链接，将视频素材原有的背景音乐删除等。

配套素材路径：配套素材/第9章
素材文件名称：电视机效果.prproj、电视机.avi

操作步骤   Step by Step

第1步 新建项目文件，双击【项目】面板空白处，打开【导入】对话框，❶选择素材，❷单击【打开】按钮，如图 9-26 所示。

第2步 将"电视机 .psd"素材拖入【时间轴】面板中创建序列，并将其移至 V2 轨道上，将"猴子 .mp4"素材放置在 V1 轨道中，如图 9-27 所示。

图 9-26

图 9-27

第3步 右击"猴子.mp4"素材，在弹出的快捷菜单中选择【取消链接】命令，如图9-28所示。

图9-28

第4步 选中音频素材，按 Delete 键删除音频素材，延长"电视机.psd"素材的持续时间与"猴子.mp4"素材相同，如图9-29所示。

图9-29

9.4.2 裁剪素材并添加效果

本小节的主要内容有裁剪素材，为素材添加效果，在【效果控件】面板中设置参数并添加关键帧动画等。

操作步骤 Step by Step

第1步 使用【剃刀工具】在 00:00:04:19 处裁剪"猴子.mp4"素材，如图9-30所示。

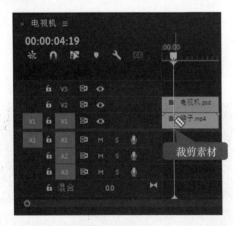

图9-30

第2步 使用【剃刀工具】在 00:00:13:03 处裁剪"猴子.mp4"素材，如图9-31所示。

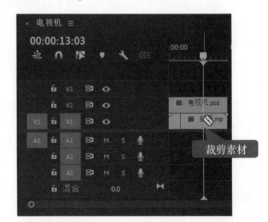

图9-31

第3步 ❶在【效果】面板的搜索框中输入"球面化"，❷找到【球面化】效果，如图9-32所示。

第4步 将【球面化】效果添加到 V1 轨道中的第 1 段素材上，在【效果控件】面板中设置参数，如图9-33所示。

图 9-32

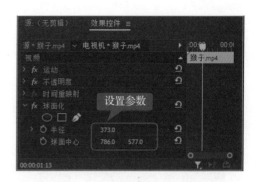

图 9-33

第5步 在【效果】面板的搜索框中输入"偏移"，找到【偏移】效果，如图 9-34 所示。

第6步 将【偏移】效果添加到 V1 轨道中的第 2 段素材上，❶在【效果控件】面板中，在第 2 段素材的开始处单击【将中心移位至】选项左侧的【切换动画】按钮，❷设置参数，创建第 1 个关键帧，如图 9-35 所示。

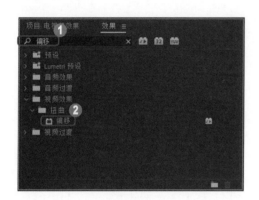

图 9-34

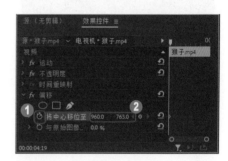

图 9-35

第7步 在 00:00:07:02 处设置参数，创建第 2 个关键帧，如图 9-36 所示。

第8步 在 00:00:10:09 处设置参数，创建第 3 个关键帧，如图 9-37 所示。

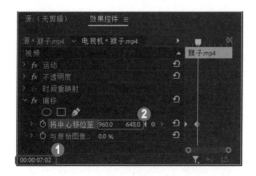

图 9-36

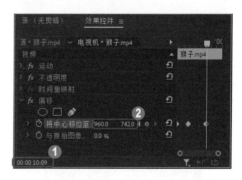

图 9-37

第9步 在 00:00:12:22 处设置参数，创建第 4 个关键帧，如图 9-38 所示。

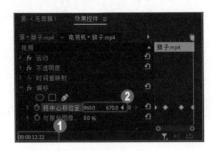

图 9-38

第11步 将【杂色】效果添加到 V1 轨道中的第 2 段素材上，在【效果控件】面板中设置参数，如图 9-40 所示。

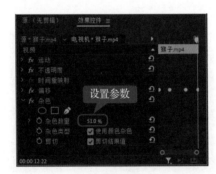

图 9-40

第13步 在【时间轴】面板中选中 V1 轨道中的第 3 段素材，在【效果控件】面板中右击空白处，在弹出的快捷菜单中选择【粘贴】命令，如图 9-42 所示。

图 9-42

第10步 在【效果】面板的搜索框中输入"杂色"，找到【杂色】效果，如图 9-39 所示。

图 9-39

第12步 右击【杂色】选项，在弹出的快捷菜单中选择【复制】命令，如图 9-41 所示。

图 9-41

第14步 在【效果】面板中的搜索框输入"黑白"，找到【黑白】效果，将【黑白】效果添加到 V1 轨道中的第 3 段素材上，如图 9-43 所示。

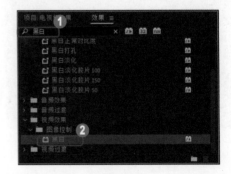

图 9-43

9.4.3　创建并设置倒计时片头

本小节的主要内容有创建倒计时片头，设置倒计时片头的颜色等。

第1步　使用【向前选择轨道工具】将所有的素材向后移动一段时间，如图9-44所示。

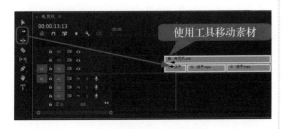

图 9-44

第3步　弹出【新建通用倒计时片头】对话框，保持默认设置，单击【确定】按钮，如图9-46所示。

图 9-46

第2步　❶单击【文件】菜单，❷选择【新建】命令，❸在子菜单中选择【通用倒计时片头】命令，如图9-45所示。

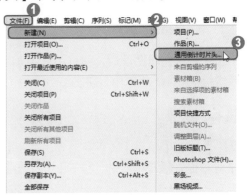

图 9-45

第4步　弹出【通用倒计时设置】对话框，❶设置【擦除颜色】、【背景色】、【线条颜色】和【数字颜色】，❷单击【确定】按钮，如图9-47所示。

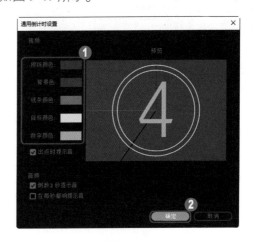

图 9-47

191

第5步 在【项目】面板中创建了倒计时通用片头，将其拖入【时间轴】面板中，如图9-48所示。

图 9-48

9.4.4 添加背景音乐

视频素材处理完成后，即可为其添加背景音乐，本小节的主要内容有导入音频素材，将音频素材拖入 A1 轨道中，裁剪音频素材与视频素材持续时间相同等。

操作步骤
Step by Step

第1步 双击【项目】面板空白处，打开【导入】对话框，❶选择素材，❷单击【打开】按钮，如图9-49所示。

第2步 将"轻松.wav"素材拖入【时间轴】面板的 A1 轨道中，拓宽 A1 轨道宽度，使其能够观察波形，使用【剃刀工具】在静音结束的位置进行裁剪，如图9-50所示。

图 9-49

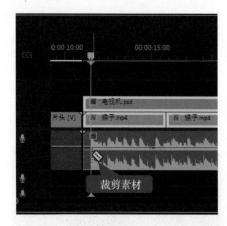

图 9-50

第3步 删除静音部分的音频，再次使用【剃刀工具】裁剪多余的音频素材，如图9-51所示。

第4步 删除多余音频后的效果，如图9-52所示。

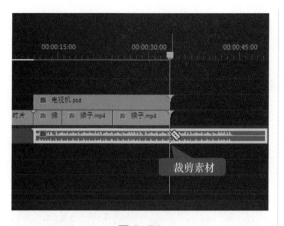

图 9-51

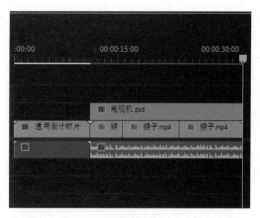

图 9-52

9.4.5　导出 AVI 视频

所有的音视频素材处理完成后，即可将其导出为用户需要的媒体文件，本小节的主要内容为将素材导出为 AVI 格式的视频。

操作步骤　　　　　　　　　　　　　　　　　　　　　　　　　Step by Step

第 1 步　按 Ctrl+M 组合键打开【导出设置】对话框，❶在【格式】下拉列表中选择 AVI 选项，❷单击【输出名称】右侧的文件名，如图 9-53 所示。

第 2 步　弹出【另存为】对话框，❶选择保存位置，❷在【文件名】下拉列表框中输入名称，❸单击【保存】按钮，如图 9-54 所示。

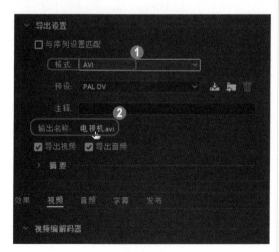

图 9-53

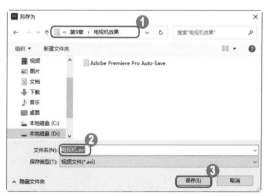

图 9-54

第3步 返回【导出设置】对话框，单击【导出】按钮，如图 9-55 所示。

第4步 开始导出视频，弹出【编码 电视机】对话框，提示编码进度，需要等待一段时间，通过以上步骤即可完成制作电视机效果并导出视频的操作，如图 9-56 所示。

图 9-55

图 9-56

9.5 思考与练习

通过本章的学习，读者可以掌握渲染与输出视频的基本知识以及一些常见的操作方法，在本节中将针对本章知识点进行相关知识测试，以达到巩固与提高的目的。

一、填空题

1. 【导出设置】对话框的左半部分为＿＿＿＿区域，右半部分为＿＿＿＿区域。

2. 在【导出设置】对话框的左半部分区域中，用户可以分别在＿＿＿＿和【输出】选项卡内查看项目的最终编辑画面和最终输出为视频文件后的画面。

二、选择题

1. 以下不属于 Premiere Pro 2022 输出的视频格式的是（ ）。
   A．AVI B．MPEG4 C．MP3 D．FLV

2. 以下不属于 Premiere Pro 2022 输出的图片格式的是（ ）。
   A．GIF B．QuickTime C．BMP D．TIFF

三、简答题

1. 如何使用 Premiere Pro 2022 输出 EDL 文件？

2. 如何使用 Premiere Pro 2022 输出 OMF 文件？

第 10 章

短视频制作与应用案例

本章要点

- 抖音电子相册模板制作
- 美食探店Vlog片头制作

本章主要内容

本章主要讲解了抖音电子相册模板制作和美食探店Vlog片头制作的方法。通过对本章内容的学习，读者可以掌握短视频制作与应用案例方面的知识，为进一步使用Premiere Pro 2022制作短视频积累经验。

10.1 抖音电子相册模板制作

在抖音上有很多电子相册模板，用户只需将照片套入模板即可生成电子相册短视频，非常省时省力。本案例将详细介绍电子相册模板的制作方法。

<< 扫码获取配套视频课程，本节视频课程播放时长约为 4 分 20 秒。

 配套素材路径：配套素材/第10章
素材文件名称：电子相册.prproj、电子相册.avi

操作步骤   Step by Step

第1步 新建项目文件，双击【项目】面板空白处，打开【导入】对话框，❶选择素材，❷单击【打开】按钮，如图 10-1 所示。

第2步 将"沙.jpg"素材拖入【时间轴】面板中创建序列，依次将"春.jpg""海.jpg""雪.jpg"素材拖入面板中，如图 10-2 所示。

图 10-1

图 10-2

第3步 右击"雪.jpg"素材，在弹出的快捷菜单中选择【设为帧大小】命令，如图 10-3 所示。

第4步 选中所有素材，按住 Alt 键将素材复制到 V3 轨道中，如图 10-4 所示。

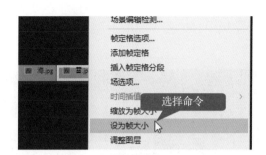

图 10-3

图 10-4

第5步 选中 V3 轨道中的"沙 .jpg"素材，在【效果控件】面板中设置【缩放】选项为 60，如图 10-5 所示。

第6步 使用相同的方法设置"春 .jpg""海 .jpg"素材的【缩放】选项，设置"雪 .jpg"素材的【缩放】选项为 31.3，如图 10-6 所示。

图 10-5

图 10-6

第7步 ❶ 在【项目】面板中单击【新建项】按钮，❷ 在弹出的下拉列表中选择【颜色遮罩】选项，如图 10-7 所示。

第8步 弹出【新建颜色遮罩】对话框，保持默认设置，单击【确定】按钮，如图 10-8 所示。

图 10-7

图 10-8

第9步 弹出【拾色器】对话框，❶设置 RGB 数值，❷单击【确定】按钮，如图 10-9 所示。

图 10-9

第11步 在【效果控件】面板中设置颜色遮罩的【缩放】选项为 62，如图 10-11 所示。

图 10-11

第13步 选中 V2 和 V3 轨道上的"沙 .jpg"和颜色遮罩素材，右击素材，在弹出的快捷菜单中选择【嵌套】命令，如图 10-13 所示。

图 10-13

第10步 将【项目】面板中的颜色遮罩拖入 V2 轨道中，如图 10-10 所示。

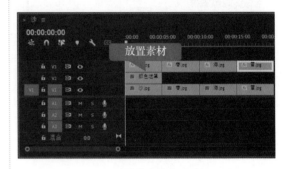

图 10-10

第12步 按住 Alt 键复制出 3 个颜色遮罩，如图 10-12 所示。

图 10-12

第14步 可以看到两个素材嵌套为一个序列，如图 10-14 所示。

图 10-14

第15步 使用相同的方法嵌套其他 V2 和 V3 轨道上的素材，如图 10-15 所示。

图 10-15

第17步 将【投影】效果拖入第 1 个嵌套序列上，在【效果控件】面板中设置投影选项参数，如图 10-17 所示。

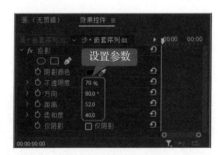

图 10-17

第19步 在【时间轴】面板中选中第 2 个嵌套序列，在【效果控件】面板中的空白处右击，在弹出的快捷菜单中选择【粘贴】命令，如图 10-19 所示。

图 10-19

第16步 ❶ 在【效果】面板的搜索框中输入"投影"，❷找到【投影】效果，如图 10-16 所示。

图 10-16

第18步 右击【投影】选项，在弹出的快捷菜单中选择【复制】命令，如图 10-18 所示。

图 10-18

第20步 使用相同的方法粘贴【投影】效果到第 3 和第 4 个嵌套序列，在【效果】面板的搜索框中输入"基本"，找到【基本 3D】效果，如图 10-20 所示。

图 10-20

第21步 将【基本3D】效果添加到嵌套序列01中，在【效果控件】面板中的开始处单击【旋转】和【倾斜】选项左侧的【切换动画】按钮，创建第1个关键帧，如图10-21所示。

第22步 ❶在00:00:04:12处，❷设置【旋转】和【倾斜】选项参数，创建第2个关键帧，如图10-22所示。

图10-21

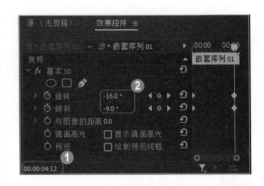

图10-22

第23步 将【基本3D】效果添加到嵌套序列02中，❶在【效果控件】面板中的开始处设置【旋转】和【倾斜】选项参数，❷单击左侧的【切换动画】按钮，创建第1个关键帧，如图10-23所示。

第24步 ❶在00:00:09:24处，❷设置【旋转】和【倾斜】选项参数，创建第2个关键帧，如图10-24所示。

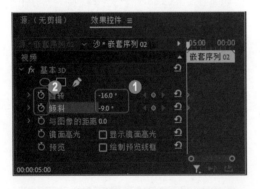

图10-23

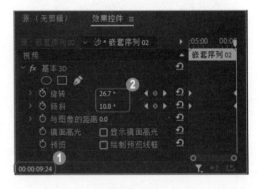

图10-24

第25步 将【基本3D】效果添加到嵌套序列03中，❶在【效果控件】面板中的开始处设置【旋转】和【倾斜】选项参数，❷单击左侧的【切换动画】按钮，创建第1个关键帧，如图10-25所示。

第26步 ❶在00:00:14:08处，❷设置【旋转】和【倾斜】选项参数，创建第2个关键帧，如图10-26所示。

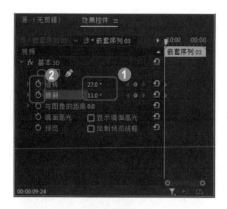

图 10-25

第27步 将【基本 3D】效果添加到嵌套序列 04 中，❶在【效果控件】面板中的开始处设置【旋转】和【倾斜】选项参数，❷单击左侧的【切换动画】按钮，创建第 1 个关键帧，如图 10-27 所示。

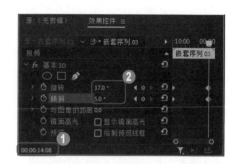

图 10-26

第28步 ❶在 00:00:19:09 处，❷设置【旋转】和【倾斜】选项参数，创建第 2 个关键帧，如图 10-28 所示。

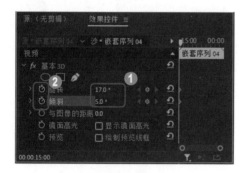

图 10-27

第29步 选中嵌套序列 01 和 02，按 Ctrl+D 组合键，为两个序列之间添加默认的【交叉溶解】过渡效果，如图 10-29 所示。

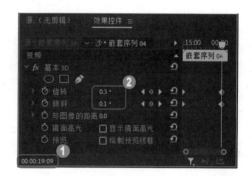

图 10-28

第30步 为所有素材之间都添加【交叉溶解】过渡效果，如图 10-30 所示。

图 10-29

图 10-30

第31步 在【效果】面板的搜索框中输入"高斯模糊"，找到【高斯模糊】效果，如图 10-31 所示。

图 10-31

第33步 将【高斯模糊】效果复制粘贴到其他 V1 轨道中的素材上，如图 10-33 所示。

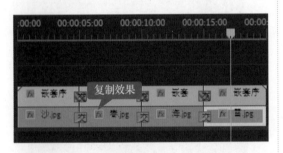

图 10-33

第35步 将音频素材拖入【时间轴】面板的 A1 轨道中，如图 10-35 所示。

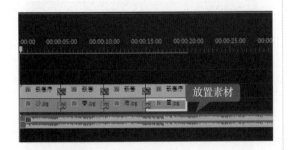

图 10-35

第32步 将【高斯模糊】效果添加到 V1 轨道中的"沙.jpg"素材上，在【效果控件】面板中设置【模糊度】选项参数，如图 10-32 所示。

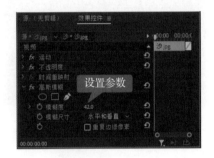

图 10-32

第34步 双击【项目】面板空白处，打开【导入】对话框，①选择音频素材，②单击【打开】按钮，如图 10-34 所示。

图 10-34

第36步 使用【剃刀工具】将音频的静音部分裁剪出来，如图 10-36 所示。

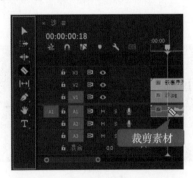

图 10-36

第37步 将后一段音频向前移动至开始处，再次使用【剃刀工具】将多余的音频裁剪出来，并将其删除，如图 10-37 所示。

第38步 拓宽 A1 轨道宽度，使用【钢笔工具】在音频开头添加 2 个锚点，并移动第 1 个锚点至最低处，制作淡入的效果，如图 10-38 所示。

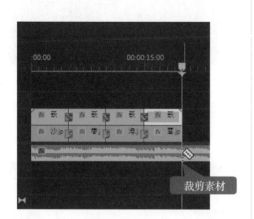

图 10-37

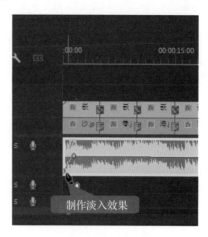

图 10-38

第39步 使用【钢笔工具】在音频结尾添加 2 个锚点，并移动第 2 个锚点至最低处，制作淡出效果，如图 10-39 所示。

第40步 按 Ctrl+M 组合键，打开【导出设置】对话框，❶设置【格式】为 AVI 选项，❷单击"沙 .avi"名称，如图 10-40 所示。

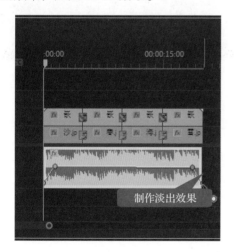

图 10-39

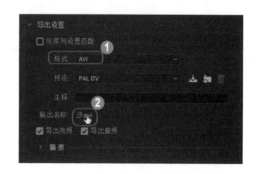

图 10-40

第41步 弹出【另存为】对话框，❶设置保存位置，❷在【文件名】下拉列表框中输入名称，❸单击【保存】按钮，如图 10-41 所示。

第42步 返回【导出设置】对话框，单击【导出】按钮，如图 10-42 所示。

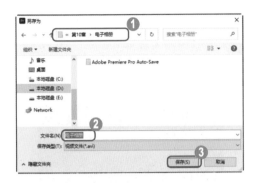

图 10-41

图 10-42

第43步 弹出编码对话框，显示编码进度，需要等待一时间，如图 10-43 所示。

第44步 打开导出的视频所在的文件夹，查看效果，如图 10-44 所示。

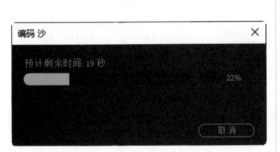

图 10-43

图 10-44

10.2 美食探店 Vlog 片头制作

本案例内容包括将素材照片以运动过渡的形式进行展示，各素材间要添加过渡效果，同时创建缩放和透明度的关键帧以丰富运动效果，还要为素材添加颜色遮罩和椭圆形蒙版等。

<< 扫码获取配套视频课程，本节视频课程播放时长约为 17 分 57 秒。

配套素材路径：配套素材/第10章
素材文件名称：美食探店Vlog片头.prproj

第1步 新建项目文件，双击【项目】面板空白处，打开【导入】对话框，❶选择素材，❷单击【打开】按钮，如图 10-45 所示。

图 10-45

第2步 新建一个白色的颜色遮罩，并将其拖至 V1 轨道上，设置持续时间为 00:00:00:15，如图 10-46 所示。

图 10-46

第3步 选择【文件】|【新建】|【旧版标题】命令，新建一个名为"清鲜醇浓"的旧版标题，设置【字体系列】为【黑体】，【字体大小】为 25，【颜色】为黑色，如图 10-47 所示。

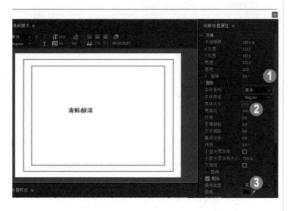

图 10-47

第4步 单击【基于当前字幕新建字幕】按钮，如图 10-48 所示。

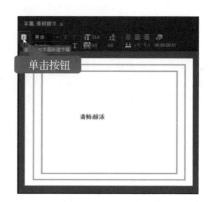

图 10-48

第5步 创建一个相同的旧版标题，修改内容为"麻辣辛香"，其余格式保持不变，并移动至合适位置，如图 10-49 所示。

第6步 再次单击【基于当前字幕新建字幕】按钮，创建一个名为"一菜一格"的旧版标题，并移动至合适位置，如图 10-50 所示。

图 10-49

图 10-50

第7步 再次单击【基于当前字幕新建字幕】按钮，创建一个名为"百菜百味"的旧版标题，并移动至合适位置，如图 10-51 所示。

第8步 将这四个旧版标题依次放在 V2~V5 轨道上，并设置相同的持续时间为 00:00:00:24，如图 10-52 所示。

图 10-51

图 10-52

第9步 选中 V2 轨道上的"清鲜醇浓"旧版标题，在【效果控件】面板中，❶在开始处，❷分别单击【位置】、【缩放】和【旋转】选项左侧的【切换动画】按钮，创建关键帧，❸设置参数，如图 10-53 所示。

第10步 ❶ 在 00:00:00:08 处，❷继续设置【位置】、【缩放】和【旋转】选项的参数，创建第 2 个关键帧，如图 10-54 所示。

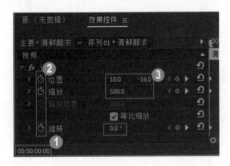

图 10-53

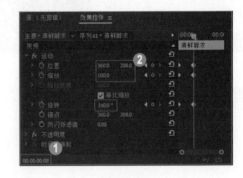

图 10-54

第11步 选中 V3 轨道上的"麻辣辛香"旧版标题，在【效果控件】面板中，❶在 00:00:00:00 处，❷分别单击【位置】、【缩放】和【旋转】选项左侧的【切换动画】按钮，创建关键帧，❸设置参数，如图 10-55 所示。

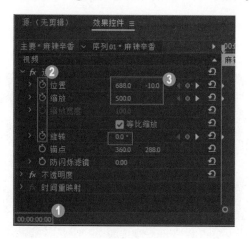

图 10-55

第12步 ❶在 00:00:00:08 处，❷继续设置【位置】、【缩放】和【旋转】选项的参数，创建第 2 个关键帧，如图 10-56 所示。

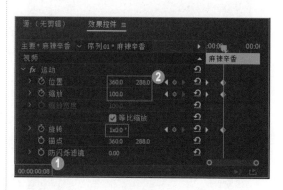

图 10-56

第13步 选中 V4 轨道上的"一菜一格"旧版标题，在【效果控件】面板中，❶在 00:00:00:00 处，❷分别单击【位置】、【缩放】和【旋转】选项左侧的【切换动画】按钮，创建关键帧，❸设置参数，如图 10-57 所示。

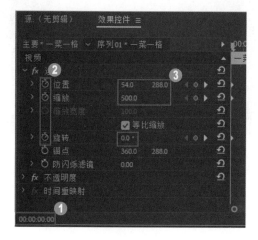

图 10-57

第14步 ❶在 00:00:00:08 处，❷继续设置【位置】、【缩放】和【旋转】选项的参数，创建第 2 个关键帧，如图 10-58 所示。

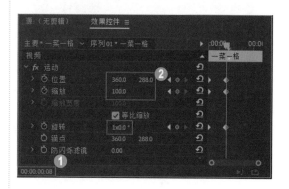

图 10-58

第15步 选中 V5 轨道上的"百菜百味" 旧版标题，在【效果控件】面板中，❶在 00:00:00:00 处，❷分别单击【位置】、【缩放】和【旋转】选项左侧的【切换动画】按钮 🕘，创建关键帧，❸设置参数，如图 10-59 所示。

第16步 ❶在 00:00:00:08 处，❷继续设置【位置】、【缩放】和【旋转】选项的参数，创建第 2 个关键帧，如图 10-60 所示。

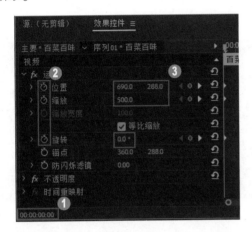

图 10-59

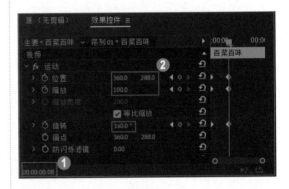

图 10-60

第17步 将素材箱中的"厨师 .jpg"素材拖入轨道中，新建一个绿色（R:45，G:140，B:43）的颜色遮罩，将颜色遮罩拖至"厨师 .jpg"的上方，设置相同的持续时间 00:00:00:08，如图 10-61 所示。

第18步 选中颜色遮罩和"厨师 .jpg"素材，右击素材，在弹出的快捷菜单中选择【嵌套】命令，如图 10-62 所示。

图 10-61

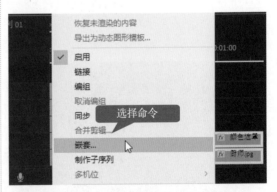

图 10-62

第19步 完成嵌套，将嵌套素材移至 V1 轨道中颜色遮罩的后面，如图 10-63 所示。

第20步 为 V1 轨道上的两个素材添加【视频过渡】→【内滑】→【推】过渡效果，如图 10-64 所示。

图 10-63

图 10-64

第21步 ❶ 在【效果控件】面板中设置视频过渡效果的持续时间为 00:00:00:08，❷设置【对齐】为【中心切入】，❸单击【自西向东】按钮▶，如图 10-65 所示。

第22步 再次将素材箱中的"厨师 .jpg"素材拖至 V1 轨道，并设置持续时间为 00:00:00:08，如图 10-66 所示。

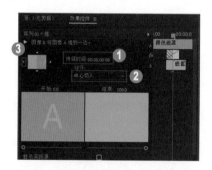

图 10-65

图 10-66

第23步 将素材箱中的"麻婆豆腐 .jpg"素材拖至 V1 轨道，并设置持续时间为 00:00:00:08，如图 10-67 所示。

第24步 新建旧版标题，输入"食在中国 味在四川"，❶在【旧版标题属性】面板中设置【字体系列】为【黑体】，❷【字体大小】为 50，❸【颜色】为黑色，如图 10-68 所示。

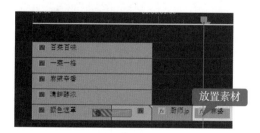

图 10-67

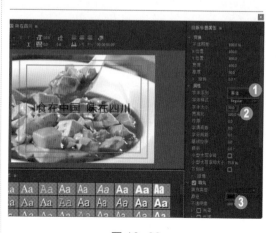

图 10-68

第25步 将旧版标题移至"麻婆豆腐.jpg"的上方，设置持续时间为00:00:00:08，选中这两个素材，右击素材，在弹出的快捷菜单中选择【嵌套】命令，如图10-69所示。

图10-69

第27步 为V1轨道上的两个素材添加【视频过渡】→【内滑】→【推】过渡效果，如图10-71所示。

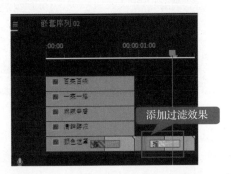

图10-71

第29步 再次将素材箱中的"麻婆豆腐.jpg"素材拖至V1轨道，并设置持续时间为00:00:00:08，新建一个红色（R:255，G:0，B:0）的颜色遮罩，如图10-73所示。

图10-73

第26步 完成嵌套，如图10-70所示。

图10-70

第28步 ①在【效果控件】面板中设置视频过渡效果的持续时间为00:00:00:08，②设置【对齐】为【中心切入】，③单击【自东向西】按钮，如图10-72所示。

图10-72

第30步 在【效果控件】面板中设置颜色遮罩的【不透明度】为50%，如图10-74所示。

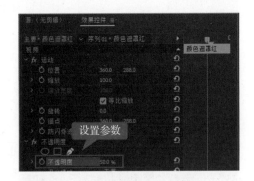

图10-74

第31步 嵌套红色的颜色遮罩和"麻婆豆腐.jpg"素材，并将素材箱中的"泡椒鱼肚.jpg"图片拖至V1轨道中，设置持续时间为00:00:00:14，如图10-75所示。

第32步 在"泡椒鱼肚.jpg"图片的开始处，❶单击【效果控件】面板中【缩放】选项左侧的【切换动画】按钮，创建关键帧，❷设置参数为100，如图10-76所示。

图 10-75

图 10-76

第33步 在00:00:02:05处，设置【缩放】参数为23，添加第2个关键帧，如图10-77所示。

第34步 将素材箱中的"水煮鱼.jpg"图片拖至V1轨道中，设置持续时间为00:00:00:08，如图10-78所示。

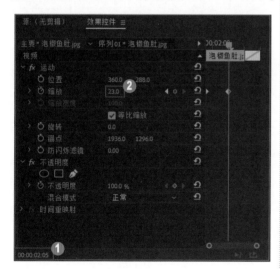

图 10-77

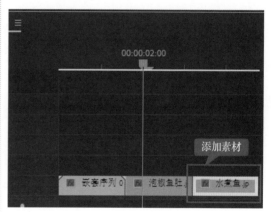

图 10-78

第35步 创建一个颜色遮罩（R:155，G:177，B:53），放在V2轨道中，设置持续时间为00:00:00:08，如图10-79所示。

第36步 嵌套颜色遮罩和"水煮鱼.jpg"素材，如图10-80所示。

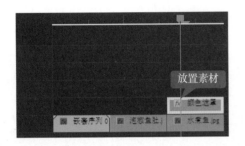

图 10-79

第37步 创建白色的颜色遮罩，设置持续时间为 00:00:00:08，放在 V1 轨道中，将嵌套素材移至 V2 轨道，如图 10-81 所示。

图 10-80

第38步 选中嵌套素材，在【效果控件】面板中单击【创建椭圆形蒙版】按钮，在【节目】面板中绘制蒙版，刚好将菜露出来即可，效果如图 10-82 所示。

图 10-81

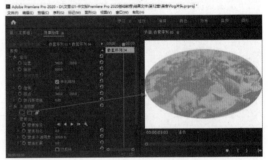

图 10-82

第39步 对白色遮罩和嵌套素材再次进行嵌套操作，如图 10-83 所示。

第40步 完成嵌套，为"泡椒鱼肚 .jpg"和嵌套素材添加【视频过渡】→【内滑】→【推】过渡效果，如图 10-84 所示。

图 10-83

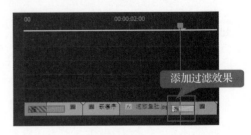

图 10-84

第41步 ① 在【效果控件】面板中设置过渡效果的持续时间为 00:00:00:05，②设置【对齐】为【中心切入】，③单击【自北向南】按钮 ，如图 10-85 所示。

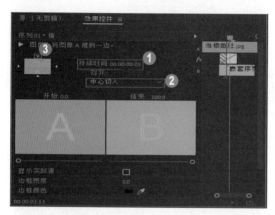

图 10-85

第42步 将素材箱中的"干锅肥肠 .jpg"图片拖至 V1 轨道中，设置持续时间为 00:00:00:11，如图 10-86 所示。

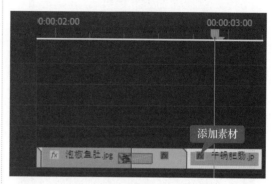

图 10-86

第43步 ① 在"干锅肥肠 .jpg"素材的起始处，单击【效果控件】面板中的【缩放】选项左侧的【切换动画】按钮，②设置【缩放】数值，如图 10-87 所示。

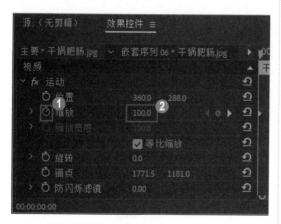

图 10-87

第44步 ① 在 00:00:03:04 处，②设置【缩放】选项数值，如图 10-88 所示。

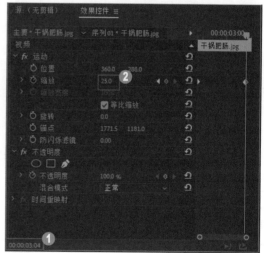

图 10-88

第45步 创建蓝色颜色遮罩（R:49，G:175，B:190），将其放在 V2 轨道上，设置持续时间 00:00:00:11，如图 10-89 所示。

第46步 在【效果控件】面板中设置颜色遮罩的【不透明度】为 70%，效果如图 10-90 所示。

图 10-89

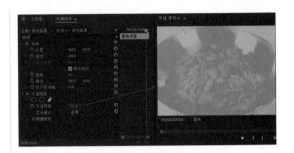

图 10-90

第47步 嵌套颜色遮罩和图片素材，再次将"干锅肥肠.jpg"素材拖至 V1 轨道中，设置持续时间 00:00:00:06，如图 10-91 所示。

第48步 创建白色颜色遮罩，放在 V1 轨道中，设置持续时间 00:00:01:08，如图 10-92 所示。

图 10-91

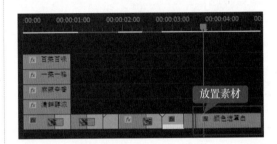

图 10-92

第49步 创建旧版标题，输入"川菜"，❶ 在【旧版标题属性】面板中设置【字体系列】为【黑体】，❷【字体大小】为 70，❸【颜色】为黑色，如图 10-93 所示。

第50步 单击【基于当前字幕新建字幕】按钮，创建一个相同的旧版标题，只修改内容为"中国"，其余格式保持不变，如图 10-94 示。

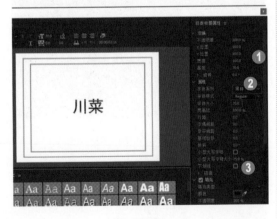

图 10-93

图 10-94

第51步 再次单击【基于当前字幕新建字幕】按钮，创建一个相同的旧版标题，只修改内容为"八大菜系之一"，其余格式保持不变，如图10-95所示。

图10-95

第53步 依次将这些旧版标题拖至V2轨道上，设置持续时间00:00:00:08，如图10-97所示。

图10-97

第55步 可以看到背景音乐有一段没有声音的前奏，使用【剃刀工具】裁减掉这段前奏，如图10-99所示。

图10-99

第52步 再次单击【基于当前字幕新建字幕】按钮，创建一个相同的旧版标题，只修改内容为"以火辣著称"，其余格式保持不变，如图10-96所示。

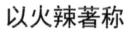

图10-96

第54步 将"背景音乐.mp3"导入【项目】面板中，将其拖至A1轨道中，如图10-98所示。

图10-98

第56步 再裁减掉多出素材的音频部分，如图10-100所示。

图10-100

第57步 右击音频素材，在弹出的快捷菜单中选择【音频增益】命令，如图 10-101 所示。

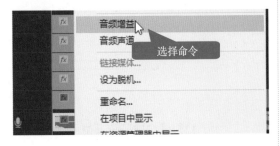

图 10-101

第58步 弹出【音频增益】对话框，❶选中【将增益设置为】单选按钮，❷设置数值为 -20dB，❸单击【确定】按钮，如图 10-102 所示。

图 10-102

第59步 按 Ctrl+M 组合键，弹出【导出设置】对话框，❶在【格式】下拉列表中选择 AVI 选项，❷单击【输出名称】右侧的名称，如图 10-103 所示。

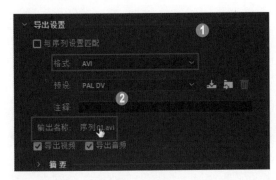

图 10-103

第60步 弹出【另存为】对话框，❶选择文件保存位置，❷在【文件名】下拉列表框中输入名称，❸单击【保存】按钮，如图 10-104 所示。

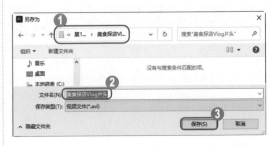

图 10-104

第61步 返回【导出设置】对话框，单击【导出】按钮，如图 10-105 所示。

图 10-105

第62步 弹出编码进度提示对话框，需要等待一段时间，如图 10-106 所示。

图 10-106

第63步 打开视频所在的文件夹,使用视频播放器查看最终效果,如图 10-107 所示。

图 10-107

思考与练习答案

第1章

一、填空题

1. 【项目】面板
2. 帧

二、选择题

1. C
2. B
3. A

三、简答题

1. 单击【文件】菜单，选择【新建】命令，在子菜单中选择【序列】命令。

弹出【新建序列】对话框，在【序列预设】选项卡中列出了众多预设方案，选择某种方案后，在右侧文本框中可查看该方案信息与部分参数，单击【确定】按钮即可完成创建与配置序列的操作。

2. 显示分辨率（屏幕分辨率）是屏幕图像的精密度，是指显示器所能显示的像素有多少。图像分辨率则是单位英寸中所包含的像素点数，其定义更趋近于分辨率本身的定义。

第2章

一、填空题

1. 视频
2. 【图像序列】复选框

二、选择题

1. B
2. A

三、简答题

1. 新建项目文件，单击【文件】菜单，选择【导入】命令。

弹出【导入】对话框，选择准备导入的PSD素材，单击【打开】按钮。

弹出【导入分层文件】对话框，在【导入为】右侧的下拉列表框中选择【各个图层】选项，在下方列表框中勾选所有图层，单击【确定】按钮。

返回 Premiere Pro 2022 界面中，可以看到已经将 PSD 素材文件导入到【项目】面板中，它以一个文件夹的形式显示。

2. 在【项目】面板中双击素材名称，素材名称将处于可编辑状态，使用输入法输入新的素材名称，按 Enter 键即可完成重命名素材的操作。

第3章

一、填空题

1. 【源】、【节目】
2. 字幕、动作

二、选择题

1. D
2. D

三、简答题

1. 新建项目文件，在【项目】面板中单击【新建项】按钮，选择【黑场视频选项。

弹出【新建黑场视频】对话框，保持默认设置，单击【确定】按钮。

可以看到在【项目】面板中已经添加了一个黑场视频文件，通过以上步骤即可完成创建黑场视频的操作。

2. 在【源】监视器面板中拖动【设置未编号标记】滑块找到设置入点的位置，单击【标记入点】按钮，入点位置的左边颜色不变，入点位置的右边变成灰色义。

拖动【设置未编号标记】滑块到准备设置出点的位置，单击【标记出点】按钮，出点位置的左边保持灰色，出点位置的右边不变，即可完成设置素材入点和出点的操作。

第 4 章

一、填空题

1. 平滑过渡
2. 【清除】
3. 【起点切入】、【自定义起点】

二、选择题

1. A
2. D
3. C

三、简答题

1. 在【时间轴】面板中选择添加的视频过渡效果，在【效果控件】面板中即可设置该视频过渡效果的参数。单击【持续时间】选项右侧的数值后，在出现的文本框内输入时间数值，即可设置视频过渡的持续时间。

2. 在【效果控件】面板中选中【反向】复选框，可以调整过渡效果实现的方向。

第 5 章

一、填空题

1. 【字幕工具】面板、【旧版标题属性】面板
2. 字体样式

二、选择题

1. D
2. B

三、简答题

打开项目文件，单击【文件】菜单，选择【新建】命令，在子菜单中选择【旧版标题】命令。

弹出【新建字幕】对话框，保持默认设置，单击【确定】按钮。

打开字幕工作区，使用文字工具输入内容，设置【属性】选项下的【字体大小】选项参数。

展开【填充】选项，设置【填充类型】为【线性渐变】选项，颜色区域变为带有两个颜色滑块的颜色条，将滑块移至左右两端，双击左侧的颜色滑块。

弹出【拾色器】对话框，设置RGB参数，单击【确定】按钮。

双击右侧的颜色滑块，弹出【拾色器】对话框，设置RGB参数，单击【确定】按钮。

设置【角度】选项参数为45°。

在【旧版标题样式】面板中单击【面板菜单】按钮，选择【新建样式】命令。

可以看到在【旧版标题样式】面板中已

经添加了刚刚创建的字幕样式，将鼠标指针移至该样式上会显示样式名称。

第6章

一、填空题

1. 位置
2. 不透明度

二、选择题

1. B
2. A

三、简答题

1. 只要在准备复制的关键帧上右击，在弹出的快捷菜单中选择【复制】命令，移动当前时间指示器至合适位置后，在【效果控件】面板内的轨道区域右击，在弹出的快捷菜单中选择【粘贴】命令，即可在当前位置创建一个与之前对象完全相同的关键帧。

2. 通过【时间轴】面板为视频素材添加视频效果时，只需在【视频效果】文件夹内选择所要添加的视频效果，然后将其拖曳至视频轨道中的相应素材上即可。

要利用【效果控件】面板添加视频效果，只需在【时间轴】面板中选择素材后，从【效果】面板中单击并拖动视频效果至【效果控件】面板中即可。

第7章

一、填空题

1. 【声像器】
2. 【插入】

二、选择题

1. A
2. C

三、简答题

1. 同时选中视频和音频素材，右击素材，在弹出的快捷菜单中选择【链接】命令，即可将视频和音频素材链接在一起，链接后的视频素材名称后面会添加"[V]"。

2. 在【时间轴】面板上右击音频素材，在弹出的快捷菜单中选择【速度/持续时间】命令。

弹出【剪辑速度/持续时间】对话框，设置【速度】和【持续时间】选项参数，单击【确定】按钮。

完成设置音频播放速度和持续时间的操作，可以看到由于播放速度变慢，播放时间变长。

第8章

一、填空题

1. 校正画面偏色
2. 256
3. 相似、差异
4. 【颜色键】

二、选择题

1. D
2. D
3. B
4. C

三、简答题

1. 选择顶层视频轨道中的素材，在【效

果控件】面板中直接降低【不透明度】选项的参数值，所选视频素材的画面将会呈现一种半透明状态，从而隐约透出底层视频轨道中的内容。

2. 新建项目文件，双击【项目】面板空白处，打开【导入】对话框，选择素材，单击【打开】按钮。

素材导入到【项目】面板中，将"雨林 .mp4"拖入 V1 轨道，将"恐龙 .mp4"拖入 V2 轨道，裁剪"恐龙 .mp4"使其与"雨林 .mp4"素材持续时间相同。

在【效果】面板中的搜索框中输入"非红色键"，找到【非红色键】效果。

将【非红色键】效果拖至 V2 轨道上的素材中，在【效果控件】面板中设置【非红色键】效果下的【去边】选项为【绿色】，设置【平滑】选项为【高】，恐龙周围的绿色已被抠除。

第 9 章

一、填空题

1. 视频预览、参数设置
2. 【源】

二、选择题

1. C
2. B

三、简答题

1. 单击【文件】菜单，选择【导出】命令，在子菜单中选择 EDL 命令。

弹出【EDL 导出设置】对话框，调整 EDL 所要记录的信息范围，单击【确定】按钮。

弹出【将序列另存为 EDL】对话框，选择准备保存文件的位置，在【文件名】文本框中输入名称，单击【保存】按钮。

打开文件所保存到的文件夹，可以看到一个 EDL 文件，这样就完成了使用 Premiere Pro 2022 输出 EDL 文件的操作。

2. 单击【文件】菜单，选择【导出】命令，在子菜单中选择 OMF 命令。

弹出【OMF 导出设置】对话框，设置参数，单击【确定】按钮。

弹出【将序列另存为 OMF】对话框，选择准备保存文件的位置，在【文件名】文本框中输入名称，单击【保存】按钮。

打开文件所保存到的文件夹，可以看到一个 OMF 文件。